猪病诊治
彩色图谱

王胜利 岁丰军 王春笋 惠 煜 ◎ 主编

中国农业出版社

本书包括两个模块，模块一是八类35种猪病的临床症状、病理变化彩色照片，以及母猪繁殖障碍性疾病鉴别诊断、呼吸系统疾病鉴别诊断、消化系统疾病鉴别诊断、母猪无乳疾病鉴别诊断表，可对常见猪病进行快速诊断；模块二是消毒、免疫、驱虫、药物预防、生物安全、药物防治、疫病净化等猪病防治实操技术。本书的290余幅彩色照片，具有图像清晰、直观易懂、突出实用等特点。

本书可作为猪场技术人员、基层兽医必备的工具书，也可作为教学资源，与畜牧兽医专业学生《猪病防治》主教材配套使用，同时也是新型职业农民培训教材和农民自学读本。

编审人员名单
BIANSHEN RENYUAN MINGDAN

主　编　王胜利（南阳农业职业学院）

　　　　岁丰军（南阳市畜牧局）

　　　　王春笋（南阳市动物卫生监督所）

　　　　惠　煜（南阳市动物疫病预防控制中心）

副主编　李伟锋（西峡县动物卫生监督所）

　　　　王大民（许昌市动物疫病预防控制中心）

　　　　刘　方（唐河县动物疫病预防控制中心）

　　　　周海丽（鄢陵县动物疫病预防控制中心）

　　　　贾　微（西峡县动物卫生监督所）

参　编　（按姓氏笔画排序）

　　　　马会普（许昌市动物疫病预防控制中心）

　　　　杨　锋（唐河县动物卫生监督所）

　　　　郭　娜（唐河县动物卫生监督所）

　　　　曹行栋（新野县畜牧局）

　　　　彭　庆（南阳市动物疫病预防控制中心）

审　稿　李生涛（南阳农业职业学院）

前 言
QIANYAN

　　我国猪病种类不断增多，并呈现非典型性、混合感染和多重感染等特点，已成为阻碍我国养猪业发展的重要威胁，在实际生产中，对猪病作出快速、准确的诊断是及时、有效控制猪病流行的前提。

　　本书包括两个模块，模块一是猪病诊断，分为猪繁殖障碍性疾病、猪呼吸系统疾病、猪腹泻性疾病、猪急性热性疾病、猪的皮肤疾病、母猪产科病、猪的营养与代谢性疾病及猪的中毒性疾病八类共计35种猪病，为每种猪病提供其典型临床症状和特征性病理变化彩色照片，直观、形象地展示了猪常见病的特征，便于畜牧兽医专业初学者和生产一线人员看图识病，并附有母猪繁殖障碍疾病鉴别诊断、呼吸系统疾病鉴别诊断、消化系统疾病鉴别诊断、母猪无乳疾病鉴别诊断表，以便对常见猪病作出快速初步诊断；模块二是猪病防治，包括消毒、免疫、驱虫、药物预防、生物安全、药物防治、疫病净化等。

　　本书是河南省中等职业教育畜牧兽医专业王胜利工作室校企合作共同开发的特色教材，作者来自南阳农业职业学院王胜利名师工作室、南阳市和许昌市两地动疫病预防控制机构、动物卫生监督机构，共有10多位，他们工作在猪病防治、教学、生产一线，实践经验丰富。本书在编写过程中承蒙南阳农业职业学院李生涛教授审稿，并提出宝贵意见，特此致谢。书中收集的290余幅彩色照片大多数为编者在临床诊断过程中摄制，少部分引用国内外资料，在此向所引用照片的作者表示感谢。由于编者水平所限，书中难免有不足之处，恳请广大读者指正。

编　者

2017年10月

目 录
MULU

模块二　猪病防治

模块一　猪病诊断

一、猪繁殖障碍性疾病

（一）猪繁殖与呼吸综合征（蓝耳病）

【临床症状】

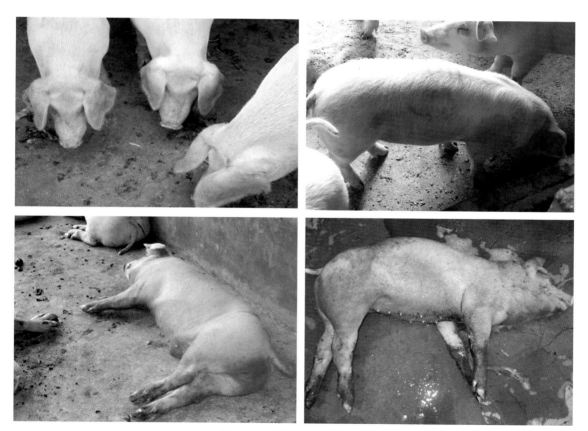

图 1-1-1　蓝耳病　皮肤发绀

图1-1-2　仔猪呼吸困难

图1-1-3　病猪流产的死胎

图1-1-4　母猪流产（左4个黑胎：后期胎儿死亡；右
下3个白胎：死胎；上1个白活仔：弱仔）

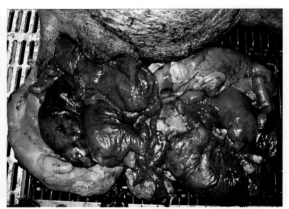

图1-1-5　母猪流产

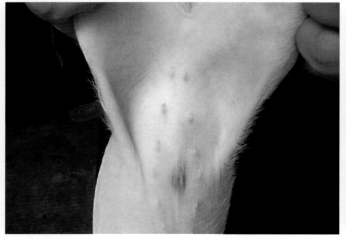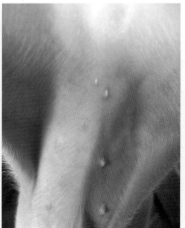

图1-1-6　乳头皮下瘀血点

图1-1-7　死产仔猪。观察各个阶段死亡的胎儿，从最小的（呈木乃伊状）到最大的（基本发育成型）

图1-1-8　流产小猪，脐带出血

【病理变化】

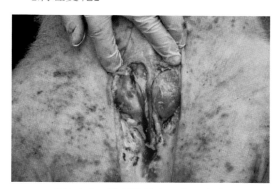

图1-1-9　淋巴结肿大，表面出血

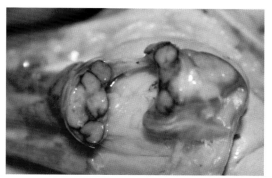

图1-1-10　淋巴结肿大，切面周边出血

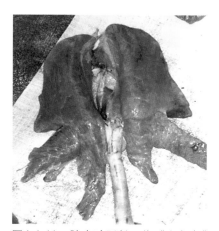

图1-1-11　肺尖叶延长，像"大象鼻"

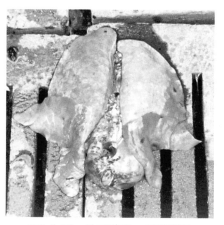

图1-1-12　肺不萎陷，呈斑驳纹

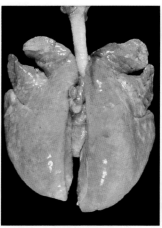

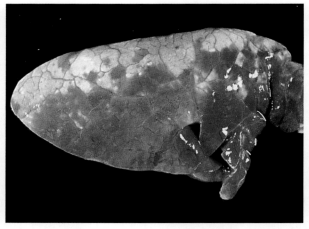

图1-1-13　断奶仔猪慢性、间质性肺炎，肺体积变大，颜色变浅或呈灰色

图1-1-14　断奶仔猪慢性间质性肺炎伴有急性出血性和坏死性纤维素性肺炎

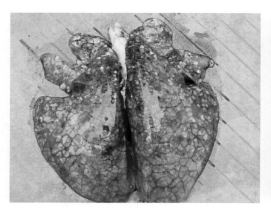

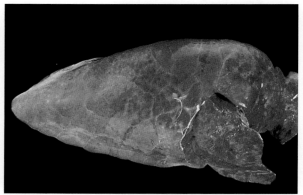

图1-1-15　肺出血、间质性肺炎

图1-1-16　弥漫性间质性肺炎

图1-1-17　间质性肺炎（肺泡间质增厚）、弥散性肉变

图 1-1-18　死亡仔猪胸部、腹部、颈部肌肉呈灰白色
或黄白色，似开水烫过样

（二）猪伪狂犬病

【临床症状】

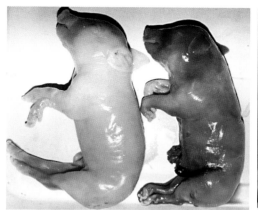

图 1-1-19　流产的死胎

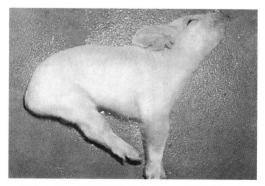

图 1-1-20　新生仔猪转圈　　　　　　　图 1-1-21　病猪有神经症状，四肢呈划水状

图 1-1-22　仔猪受刺激后神经反射过敏，呈抽搐症状　　　图 1-1-23　病猪站不稳，四肢开张或摇晃

图 1-1-24 口吐白沫

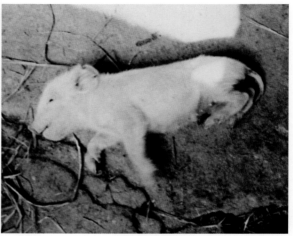

图 1-1-25 神经症状，转圈（上）；后躯麻痹，耳朵一个向前一个向后（下）

图 1-1-26 仔猪死亡前呈游泳状，尖叫，口吐白沫

图 1-1-27 伪狂犬病引起腹泻

图 1-1-28 较大的病猪磨牙、流涎（有时有神经症状）

【病理变化】

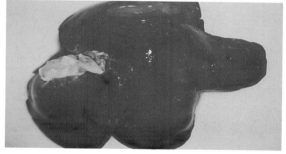
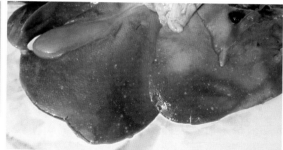

图1-1-29　肝脏表面可见散在的坏死点

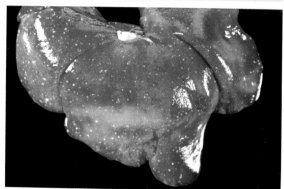

图1-1-30　脾脏散在坏死结节

图1-1-31　散在小叶性肺炎，及肺炎灶中小坏死点

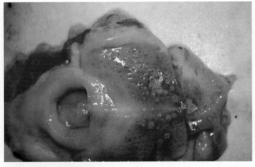

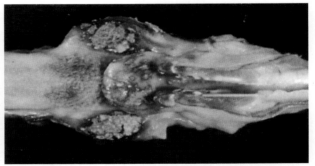

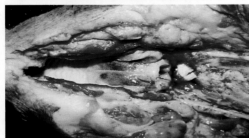

图1-1-32　扁桃体及咽喉头发生明显坏死

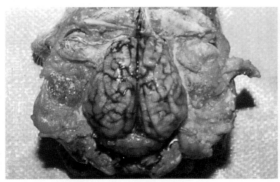

图1-1-33　软脑膜充血，其下脑沟积有出血性水
　　　　　肿液

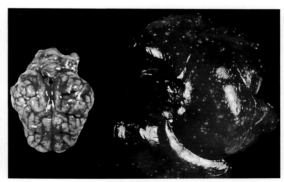

图1-1-34　患病仔猪的大脑、小脑严重充血、出血
　　　　　（急性非化脓性脑膜炎），肝有坏死性肝炎
　　　　　病灶

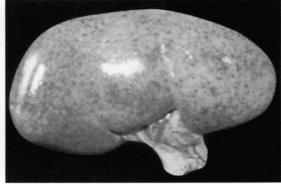

图1-1-35　肾肿大，表面有出血点

（三）猪细小病毒病

【临床症状】

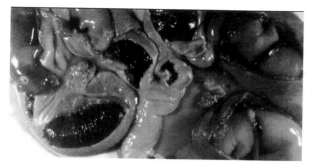

图 1-1-36　子宫中的死亡胎儿和木乃伊胎儿

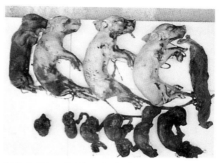

图 1-1-37　在同一窝中所见不同孕期死亡的异常胎儿

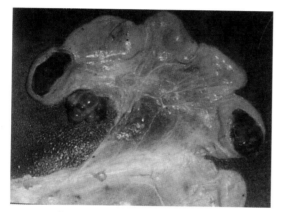

图 1-1-38　子宫中的木乃伊胎儿

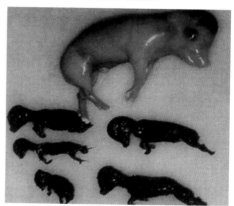

图 1-1-39　死胎及木乃伊胎

【病理变化】同临床症状

（四）日本乙型脑炎

【临床症状】

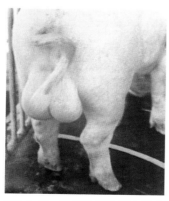

图 1-1-40　患病公猪的睾丸肿大

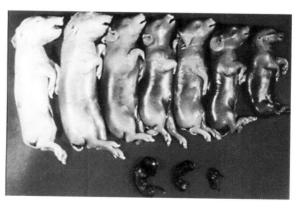

图 1-1-41　流产胎儿：2 头脑水肿色淡死胎（左）、5 头色黑死胎（右）、3 头木乃伊胎儿（下）

【病理变化】

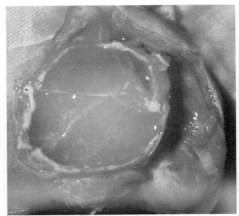
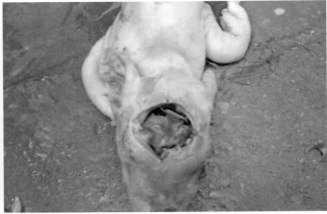

图1-1-42　死产胎儿的脑缺损

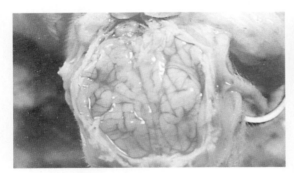

图1-1-43　死亡胎儿的脑内积水

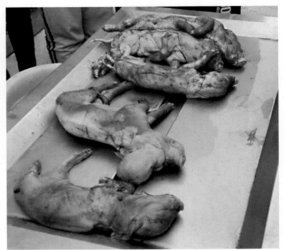

图1-1-44　死产胎儿（其中一个死胎头部膨大呈囊状）

（五）猪衣原体病

【临床症状】

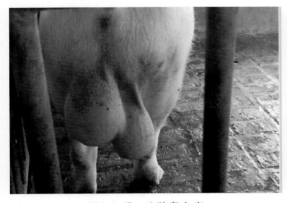

图1-1-45　公猪睾丸炎

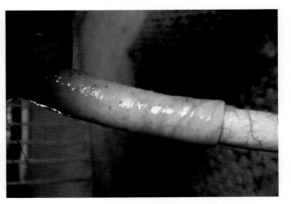

图1-1-46　公猪阴茎水肿、出血或坏死

图 1-1-47 母猪早产

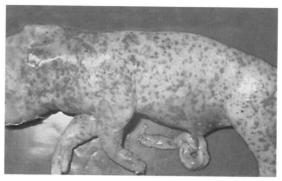

图 1-1-48 流产胎儿全身皮肤出血

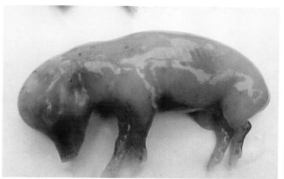

图 1-1-49 流产死胎

图 1-1-50 结膜炎

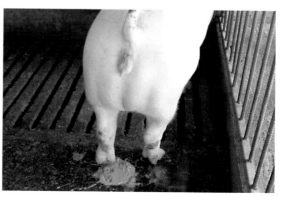

图 1-1-51 腹 泻

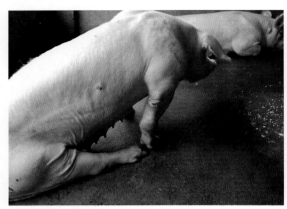
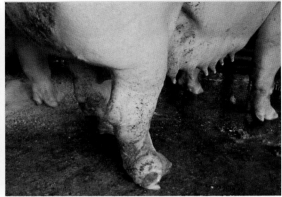

图1-1-52　关节炎

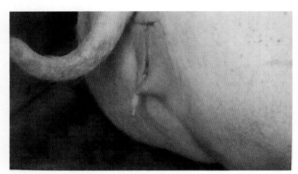

图1-1-53　子宫炎

【病理变化】

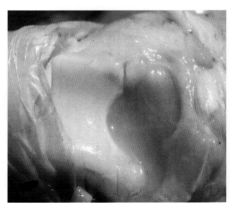

图1-1-54　间质性肺炎　　　　　　　　　图1-1-55　关节滑膜炎

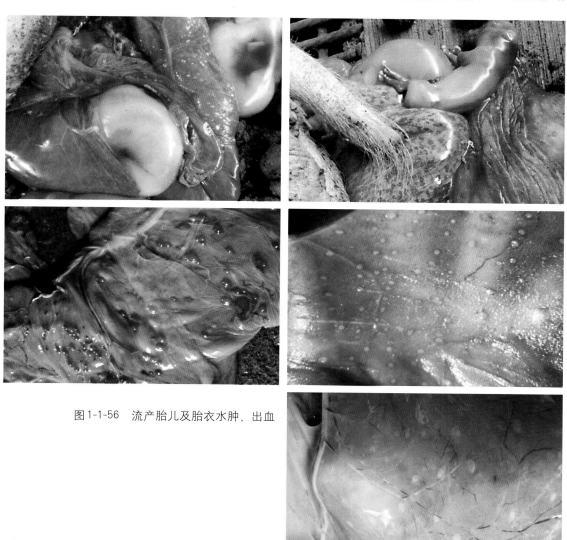

图1-1-56　流产胎儿及胎衣水肿、出血

（六）繁殖障碍性猪瘟

【临床症状】

图1-1-57　猪瘟带毒母猪初次妊娠流产的胎儿

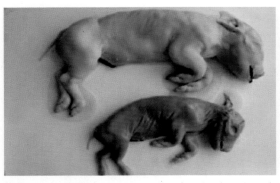

图1-1-58　带毒母猪所产死胎和木乃伊胎，均为猪瘟阳性

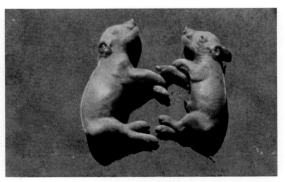

图1-1-59　繁殖障碍型母猪产出的新生仔猪奄奄一息

图1-1-60　繁殖障碍型母猪产出存活的仔猪发生结膜炎

【病理变化】

图1-1-61　繁殖障碍型母猪所产的死胎、木乃伊胎

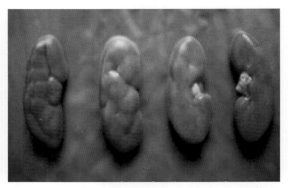

图1-1-62　繁殖障碍型母猪所产仔猪的肾皮质有裂缝

图1-1-63　繁殖障碍型母猪所产仔猪的肾的小点状出血

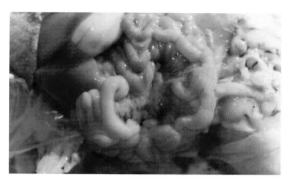

图1-1-64　繁殖障碍型母猪所产仔猪小肠系膜淋巴结串珠样肿大

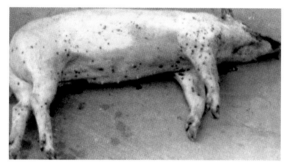

图1-1-65　繁殖障碍型母猪所产仔猪于50日龄死亡，肾有弥散性出血点

（七）猪弓形体病

【临床症状】

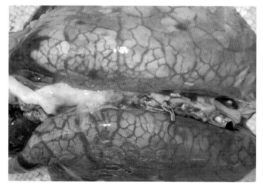

图1-1-66　猪皮肤出血，结痂（4月龄）

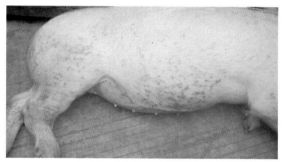

图1-1-67　腹部、四肢出现紫红色斑点

【病理变化】

图1-1-68　肺高度水肿，特别是间质水肿

图1-1-69 肝散在出血、坏死点，脾滤泡坏死（2月龄猪）

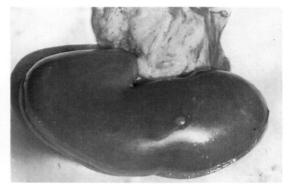

图1-1-70 肾脏上散在白色坏死灶

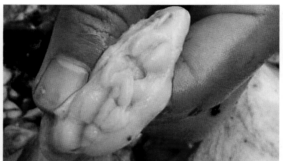

图1-1-71 淋巴结淋巴组织增生肿大、坏死

附：母猪繁殖障碍疾病鉴别诊断

引起母猪流产、产死胎和木乃伊胎的原因很多（表1-1-1），大致可以分为两大类：第一类是引起生殖道原发感染的因子，第二类包括中毒、环境和营养性应激以及母猪的全身疾病。第一类原因引起的流产胎儿免疫球蛋白的含量较高。如果一窝中有死胎，又有木乃伊胎，则传染因素的可能性比较大。

表1-1-1 引起母猪流产、产死胎和木乃伊胎的原因

原　因	母猪症状	胎　龄	胎儿和胎盘症状
传染病			
猪瘟	嗜眠，厌食，发热，结膜炎，呕吐，呼吸困难，皮肤红斑，腹泻、共济失调，抽搐	胎儿常死于不同的发育阶段	木乃伊胎、死胎，水肿，有腹水，头肢畸形、小点出血，肺和小脑发育不全，肝坏死
猪繁殖与呼吸综合征	发热，厌食，嗜眠，皮肤斑状变红，发绀	任何年龄，但常为同一胎	脐带坏死性动脉炎，水肿

（续）

原　因	母猪症状	胎　龄	胎儿和胎盘症状
伪狂犬病	可为轻度到严重，喷嚏、咳嗽，厌食，便秘，流涎，呕吐，神经症状	胎儿常死于不同的发育阶段	肝局灶坏死区，木乃伊胎、死胎，重吸收（窝中头数少），坏死性胎盘炎
猪细小病毒病	无	胎儿常死于不同的发育阶段	重吸收（窝中头数少），常有木乃伊胎、死胎或弱猪，胎盘紧裹着胎儿
日本乙型脑炎	无	胎儿常死于不同的发育阶段	与细小病毒相似，有脑积水，皮下水肿，胸腔积液，小点出血，腹水，肝和脾有坏死灶
猪流感	极度衰弱，嗜眠，用力呼吸，咳嗽	胎儿常死于不同的发育阶段	重吸收（窝中头数少），木乃伊胎、死胎或猪出生时弱
牛病毒性腹泻	无，但母猪可能与牛有接触	胎儿常死于不同的发育阶段	无病变
脑心肌炎	无	任何年龄，但常为同一胎龄	水肿
钩端螺旋体病	较少出现症状，轻度厌食，发热，腹泻，流产	常接近同一胎龄，常为中后期	死胎或新生猪虚弱，偶见流产，弥漫性胎盘炎
布鲁氏菌病	较少识别出症状，妊娠期任何时间可发生流产	任何年龄，但常为同一胎龄	可能有自溶或皮下水肿，腹腔积液或出血、化脓性胎盘炎
子宫感染大肠杆菌、葡萄球菌、巴氏杆菌、沙门氏菌等	一般无临床症状	任何年龄，但常为同一胎龄	可能近于正常或有些自溶，有水肿，化脓性胎盘炎
弓形虫	无	任何年龄	流产，死胎，弱猪。罕见木乃伊胎

饲养环境的变化

原　因	母猪症状	胎　龄	胎儿和胎盘症状
一氧化碳	母猪无症状，但往往发生于最冷的季节	常足月，死胎	组织鲜红，胸腔有大量浆性血性液体
二氧化碳	母猪无症状，但往往发生于最冷的季节	常足月，死胎	皮肤上和呼吸道内有胎便
环境温度高	配种时高温	流产或重吸收	无
环境温度高	产仔时高温，母猪喘，充血	足月的死胎	无
物理性创伤	不同体格和体况的母猪养在一起，皮肤擦伤	任何年龄，但都为同一年龄	无
环境温度低	母猪瘦，可能多尿	任何年龄，但都为同一年龄	无
季节性流产	无	任何年龄，但都为同一年龄	无

（续）

原　因	母猪症状	胎　龄	胎儿和胎盘症状
中毒			
玉米赤霉烯酮	外阴水肿，偶见初产母猪乳房发育	胚胎着床失败	流产，死胎，弱胎。无肉眼病变
T-2毒素	罕见但可引起厌食或嗜眠	妊娠晚期	流产，死胎，弱胎。无肉眼病变
营养性原因			
锌缺乏	分娩延迟或延长	出生时	活力低，脐出血
维生素A缺乏	无	年龄可不同，或为同一年龄	死胎或弱胎，畸形（腭裂，小眼）、失明，全身水肿

二、猪呼吸系统疾病

（一）猪肺疫

【临床症状】

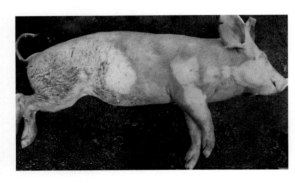

图1-2-1　病猪临死前，耳根、颈部、下腹部等处皮肤变成蓝紫色，有时出现出血斑点

【病理变化】

图1-2-2　气管有大量泡沫

图1-2-3　肺脏肝变区

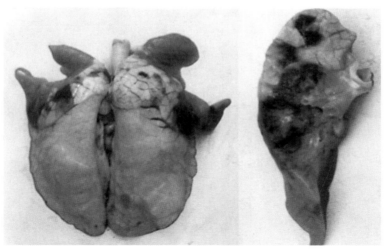

图1-2-4　肺水肿及肺小叶出血（伴发猪支原体肺炎）（左）；肺切面，水
　　　　肿，间质增宽，肺小叶散在出血（右）

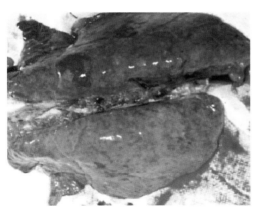

图1-2-5　肺出血

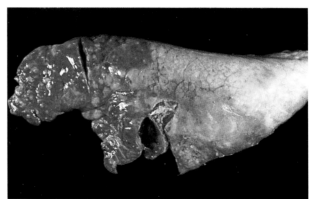

图1-2-6　断奶仔猪急性纤维素性和坏死性肺炎

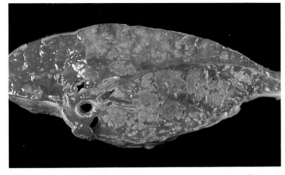

图1-2-7　断奶仔猪急性纤维素性和坏死性肺炎的肺
　　　　横切面，病变部位增大、变白

图1-2-8　生长猪急性型出现的急性纤维素性胸膜
　　　　肺炎

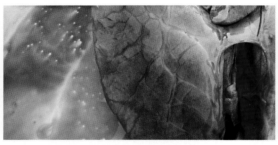
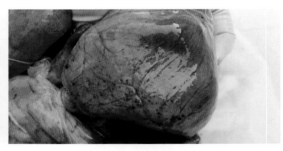

图1-2-9　急性肺水肿　　　　　　　　图1-2-10　心外膜出血点

（二）猪流行性感冒

【临床症状】

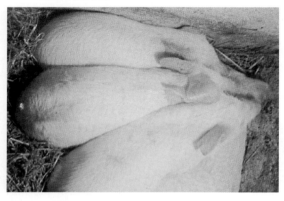

图1-2-11　病猪精神沉郁，厌食，常堆挤在一处，不
　　　　　愿走动

【病理变化】

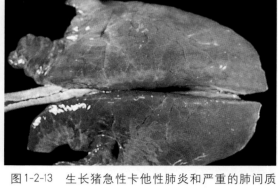

图1-2-12　肺炎呈红色实变，与健康肺界限分明　　图1-2-13　生长猪急性卡他性肺炎和严重的肺间质
　　　　　　　　　　　　　　　　　　　　　　　　　　　水肿

图1-2-14　生长猪卡他性肺炎（在整个肺的多处
　　　　　红色病变）

（三）猪气喘病

【临床症状】

图1-2-15　有不同程度的呼吸困难，腹式呼吸明显

【病理变化】

图1-2-16　肺脏＂肉样变＂

图1-2-17　肺脏＂虾样变＂

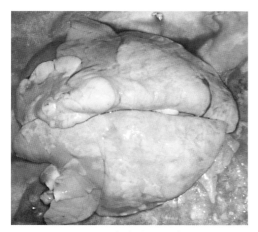

图1-2-18　肺脏的对称性肉变

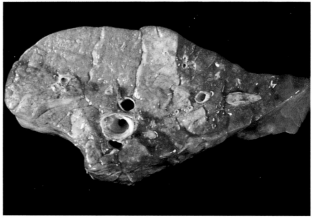

图1-2-19　生长猪的卡他性或慢性化脓性卡他性肺炎，肺的横切面患处缩小，切口渗出脓性浆液

（四）猪传染性胸膜肺炎
【临床症状】

图1-2-20　呼吸困难，精神沉郁

图1-2-21　精神不振，食欲减退

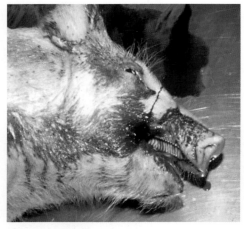

图1-2-22　严重的病猪呼吸困难、急性死亡，
　　　　　从口鼻流出泡沫样血性分泌物

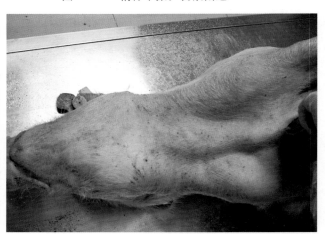

图1-2-23　耳、鼻、四肢皮肤呈蓝紫色

【病理变化】

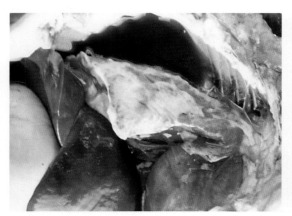

图1-2-24　纤维素性化脓性坏死性胸膜炎、肺炎

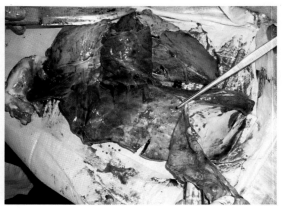

图1-2-25　病灶区呈紫红色，坚实，表面附有纤维
　　　　　素，与膈肌粘连

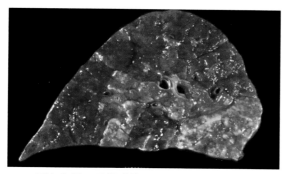

图 1-2-26　早期感染时，肺脏充血、水肿

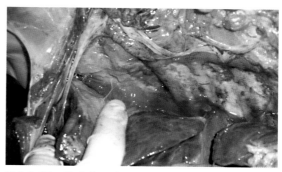

图 1-2-27　浆膜炎、胸膜炎，肺与肋膜粘连，纤维素性渗出液

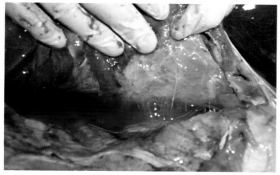

图 1-2-28　肺与肋膜粘连，纤维素性渗出液

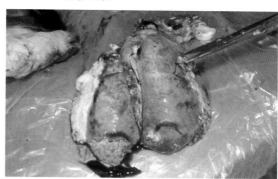

图 1-2-29　纤维素性粘连

图 1-2-30　肺严重出血，间质增宽

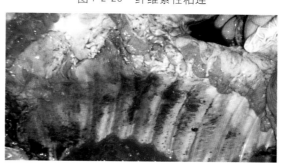

图 1-2-31　肋骨内面胸膜出血

（五）猪传染性萎缩性鼻炎
【临床症状】

图 1-2-32　流鼻血

图 1-2-23　泪斑

图1-2-34　明显的泪斑

图1-2-35　颜面部变形，鼻孔出血

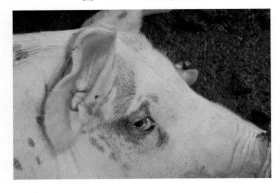

图1-2-36　结膜炎

【病理变化】

图1-2-37　鼻甲骨萎缩

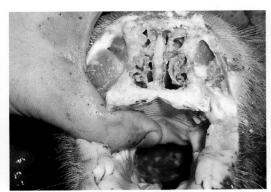

图1-2-38　鼻甲骨萎缩变形

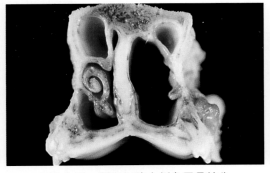

图1-2-39　断奶仔猪右侧鼻甲骨缺失

图1-2-40　鼻面部歪曲变形

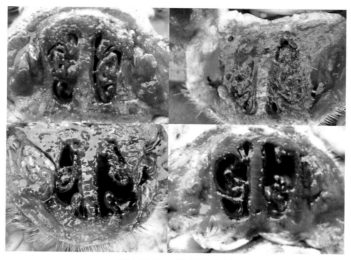

图1-2-41　鼻甲骨萎缩

（六）猪圆环病毒病

【临床症状】

图1-2-42　腹泻；皮肤苍白、贫血

图1-2-43　衰弱（中间为病猪，两边为同窝正常猪）

图1-2-44　弱小，皮肤感染

图1-2-45　圆环病毒繁殖障碍的后备母猪

图1-2-46　皮肤苍白

图1-2-47　瘦　弱

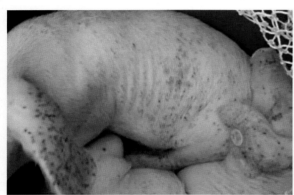

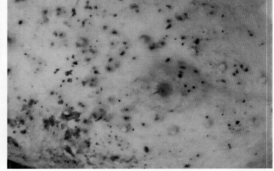

图1-2-48　皮肤出现疹块

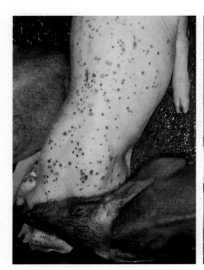

图1-2-49　皮肤出现丘疹

图1-2-50　仔猪先天性震颤

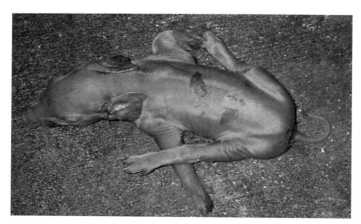

图1-2-51 仔猪先天性震颤

【病理变化】

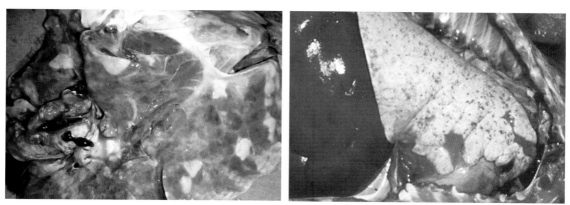

图1-2-52 肺脏肿胀，质地坚硬或似橡皮，其上散在有大小不等的紫褐色实变区

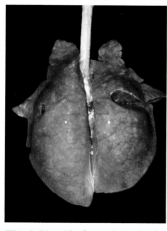

图1-2-53 肺脏严重的水肿， 图1-2-54 全身淋巴结，特别是颌下、腹股沟、纵隔、肺门和肠系膜淋巴
　　　　　不塌陷 　　　　　　　　结显著肿大

27

图1-2-55　淋巴结肿大，有瘀血点，腹股沟淋巴结更常见

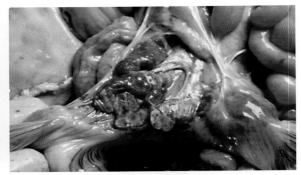

图1-2-56　肠系膜淋巴结肿胀、出血

图1-2-57　脾脏坏死

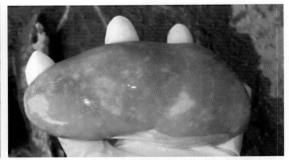

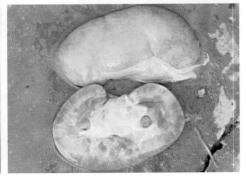

图1-2-58　慢性间质性肾炎（白斑肾）

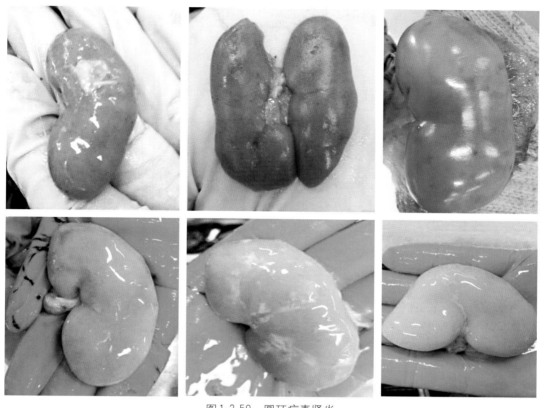

图1-2-59 圆环病毒肾炎

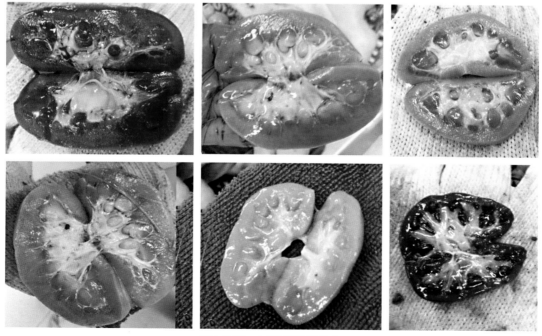

图1-2-60 圆环病毒肾出血

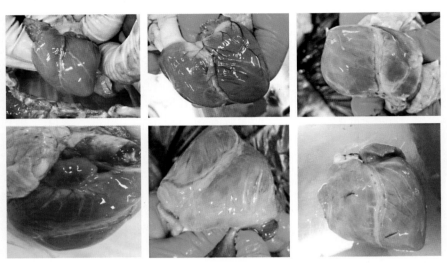

图1-2-61　圆环病毒心肌炎

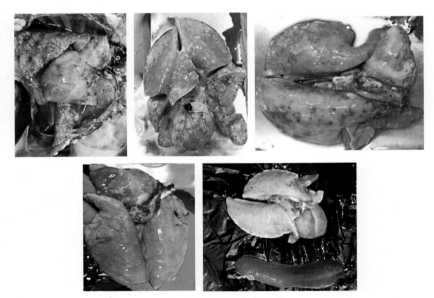

图1-2-62　圆环病毒肺炎

图1-2-63　胃溃疡，弥漫性出血

（七）副猪嗜血杆菌病

【临床症状】

图1-2-64　关节肿胀，不敢负重

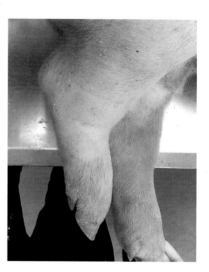

图1-2-65　关节肿胀，皮肤呈紫红色

【病理变化】

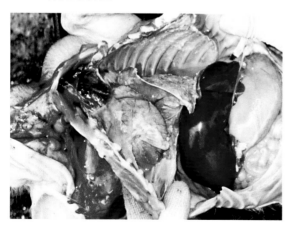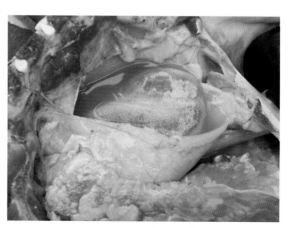

图1-2-66　胸腔、心包积液，纤维素性渗出　　　　　　图1-2-67　心包积液

图 1-2-68　关节腔内干酪样物

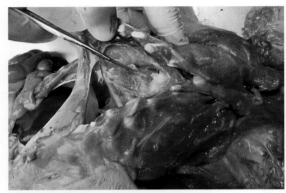

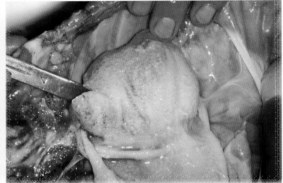

图 1-2-69　心外膜纤维素渗出，形成 "绒毛心"

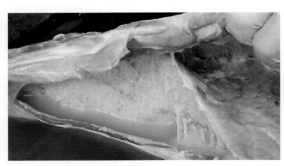

图 1-2-70　胸膜与肺脏发生粘连，胸水增多

图 1-2-71　肺脏表面附着大量纤维素

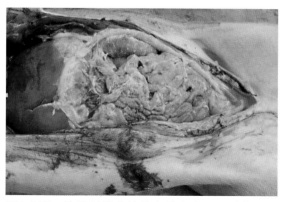

图1-2-72 腹腔纤维素性渗出性炎症（严重的呈豆腐渣样）

图1-2-73 腹腔纤维素性渗出性炎症

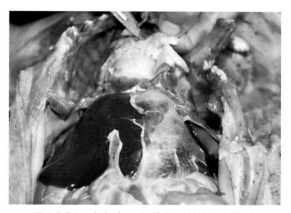

图1-2-74 心包炎，肝脏上覆盖大量纤维素

图1-2-75 纤维素性腹膜炎，腹腔粘连

附：呼吸系统疾病鉴别诊断

（一）呼吸困难和咳嗽

未断奶猪呼吸困难和咳嗽的病因见表1-2-1。仔猪用力呼吸一般是由贫血和肺炎引起，伪狂犬病或弓形虫病也可引起呼吸困难的症状。贫血是未断奶仔猪用力呼吸的最常见原因。缺铁性贫血逐渐发展，症状于1.5～2周龄左右开始明显，较大猪症状变重，皮肤苍白。仔猪肺炎比较少见，但当其出现时，最早可在3日龄引起症状，主要表现为咳嗽，但贫血不引起咳嗽。剖检时，贫血猪心脏增大，有大量心包液，脾肿大，肺水肿。猪的肺炎可由嗜血杆菌、巴氏杆菌和弓形虫引起。由伪狂犬病、弓形虫病、猪瘟引起的呼吸症状常伴有其他症状。

表1-2-1　引起未断奶猪呼吸困难和咳嗽的疾病

疾　病	发病年龄	症　状	剖检所见
猪繁殖与呼吸综合征	所有年龄	呼吸困难，张口呼吸，发热，眼睑水肿，衰弱，仔猪综合征	斑状褐色，多灶性至弥漫性肺炎，胸部淋巴结水肿增大
伪狂犬病	所有年龄	呼吸困难，发热，流涎，呕吐，腹泻，神经症状，高死亡率	肺炎，肠溃疡，肝肿大，各器官有白色坏死灶
细菌性肺炎	1周龄或更大	呼吸困难，咳嗽	副猪嗜血杆菌、多杀性巴氏杆菌、胸膜肺炎放线杆菌、猪肺炎支原体或链球菌
支气管败血波氏杆菌肺炎	3日龄或更大	咳嗽，衰弱，呼吸快，发病猪死亡率高	全肺分布有斑状肺炎病变
弓形虫病	所有年龄	呼吸困难，发热，腹泻，神经症状	肺炎，肠溃疡，肝肿大，各器官有白色坏死灶
缺铁性贫血	1.5～2周龄或更大	皮肤苍白，体温正常，易因活动而疲劳，呼吸频率快，被毛粗乱	心脏扩张，有大量心包液，肺水肿，脾脏肿大

　　引起各年龄段猪的呼吸道疾病的病因见表1-2-2，主要由寄生虫、细菌或病毒侵入肺引起。母猪的呼吸道疾病常由贫血或导致体温升高的一些疾病引起。目前细菌或病毒引起的呼吸道疾病十分普遍，临床上比较难以鉴别。

表1-2-2　引起各年龄猪呼吸困难和咳嗽的病因

生理阶段	临床症状	有关病因	尸体剖检
断奶至育肥	症状主要与呼吸道相关，表现呼吸困难，咳嗽，厌食，发热，腹式呼吸；感染猪群中临床症状严重程度不一	猪气喘病，胸膜肺炎放线杆菌，猪肺疫，副猪嗜血杆菌，链球菌，葡萄球菌，伪狂犬病	病变一般分布于肺脏前腹侧，病变程度不一，有水肿，纤维素性胸膜炎，提示有放线菌、副猪嗜血杆菌、巴氏杆菌或猪支原体
		猪繁殖与呼吸综合征病毒	褐色至斑驳状间质性肺炎，淋巴结肿大、呈褐色
	临床经过快，发热，厌食，沉郁，严重呼吸困难，发绀，从口和鼻排出带血色的泡沫状物	胸膜肺炎放线杆菌	肺弥漫性急性出血性坏死，特别是膈叶背侧，纤维素性胸膜炎，胸腔内有些血色液体。气管中有带血泡沫
断奶至育肥	咳嗽，其他症状轻微	猪蛔虫	肺有萎陷、出血、水肿，气肿区域。肝小叶间隔及其周围出血、坏死
		后圆线虫	膈叶后腹缘有支气管炎和细支气管炎，有萎陷区

（续）

生理阶段	临床症状	有关病因	尸体剖检
成年	发病急，发病率近100%，衰弱，厌食，痉挛性呼吸，阵发性咳嗽，发热	猪流感	因单纯流感而死的少，常无机会剖检，咽、喉、气管和支气管内有黏稠的黏液，肺脏有下陷的深紫色区
	全身性疾病症状，喷嚏，咳嗽，呼吸困难，发热，厌食，呕吐，起初便秘，然后腹泻，可能震颤，运动失调和抽搐	猪瘟	淋巴结肿大，有出血斑点，膀胱和肾脏有出血点或斑，肝、脾肿大，脾梗死
		伪狂犬病	肉眼病变少，坏死性扁桃体炎和咽炎，肝脏有白色小坏死灶
	呼吸快，气促，不咳嗽，张口呼吸，喘气，体温极高	猪应激综合征、中暑虚脱、喘气母猪综合征	肌肉苍白、松软或有渗出，肺水肿和充血，尸体自溶快速
	呼吸快或腹式呼吸，湿咳无痰（若出现咳嗽）苍白	贫血	肌肉苍白，肺水肿，心扩张，心包液多，脾脏缩小
	呼吸困难，腹式呼吸	由缺硒、外伤或遗传引起的膈疝	腹腔脏器出现于胸腔中
	呼吸快或腹式呼吸，湿咳无痰，皮下水肿，腹部增大	心功能不全	心脏增大扩张，瓣膜性心内膜炎，肺水肿，肝肿大

（二）喷嚏

猪喷嚏的主要病因见表1-2-3，包括萎缩性鼻炎、伪狂犬病、环境污染物（如尘埃或氨）等。

猪萎缩性鼻炎是未断奶猪喷嚏的最常见的原因，但1周龄以下的猪很少发生，断奶后发生频率较多。除有鼻漏和泪痕外，萎缩性鼻炎很少出现临床症状，而且小猪一般健康状况良好，死亡率也不高，尸体剖检病变可见鼻甲骨萎缩，鼻中隔歪斜，有浆液性到脓性或血染的渗出物。环境中的氨的浓度高于25 $\mu l/L$，就能刺激呼吸道黏膜，引起流泪、浆性鼻漏和浅表呼吸，将猪从污染的环境中移出后，症状就可以完全消除。伪狂犬病发病早期和血凝性脑脊髓炎可以出现喷嚏症状，未断奶猪感染后，可以出现神经性疾病。

表1-2-3　引起猪喷嚏的病因

病因	发病过程和发病年龄	其他症状	剖检
萎缩性鼻炎	慢性。通常在哺乳猪至肥育猪均可见症状	结膜炎，眼下有泪痕区，口鼻部变形，偶见鼻衄	鼻甲骨萎缩、鼻中隔偏斜
猪繁殖与呼吸综合征	慢性。呼吸性疾病的其他症状通常比喷嚏更突出	咳嗽，呼吸困难，生长不良，轻度鼻炎，无鼻甲骨萎缩	间质性肺炎
地方性伪狂犬病	慢性。各种日龄的猪均可见一定程度症状，但在某一日龄群更严重	咳嗽	鼻炎，但无鼻甲骨萎缩

（续）

病　因	发病过程和发病年龄	其他症状	剖　检
流行性伪狂犬病	症状出现相当急。可能从一群猪开始然后传播到其他群。青年猪症状更严重	咳嗽，厌食，便秘，沉郁，流涎，呕吐，中枢神经系统症状和抽搐	较大猪可能看不到病变，或可见到坏死性扁桃体炎，鼻炎，肝有 1～2 mm 坏死灶
环境性污染物：氨、尘埃	慢性。各种日龄猪可见症状，但常见于育成猪，特别是在有坑凹的板条地面或有尿积集的硬地面上饲养的猪	大量流泪，眼下有泪痕区，浆液性鼻漏，呼吸浅表	测定环境中氨浓度高于 25 μl/L，环境中有尘埃，特别是在饲喂时间前后

三、猪腹泻性疾病

（一）猪梭菌性肠炎
【病理变化】

图 1-3-1　出血性肠炎

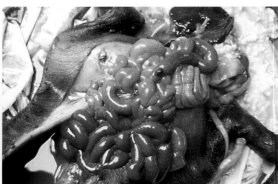

图 1-3-2　小肠严重出血

（二）仔猪黄痢

【临床症状】

图1-3-3 黄色稀便

【病理变化】

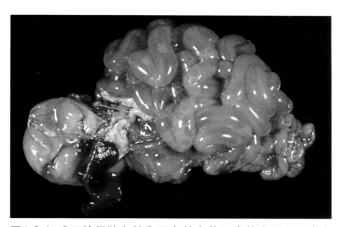

图1-3-4 3日龄仔猪急性和亚急性卡他肠炎的小肠（肠内容物有黄色液体和未消化物，并有大量气体产生，肠壁膨胀）

（三）猪传染性胃肠炎

【临床症状】

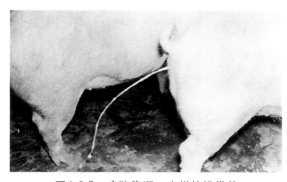

图1-3-5 病猪腹泻、水样的排粪状

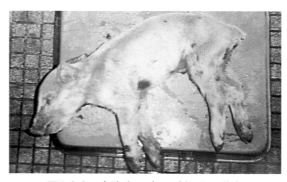

图1-3-6 病猪由于腹泻引起明显脱水

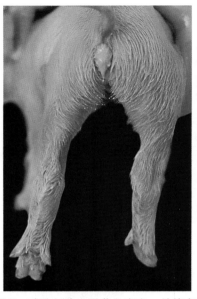

图1-3-7　哺乳仔猪出现黄色痢疾，并伴有呕吐

【病理变化】

图1-3-8　胃膨隆积食

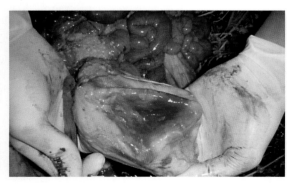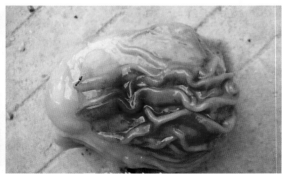

图1-3-9　胃黏膜弥漫性充血、肿胀，呈卡他性炎症

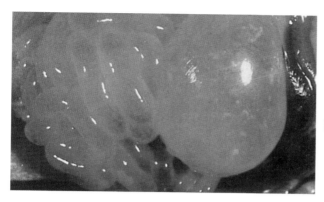

图1-3-10　小肠呈球状膨胀，空虚，内有黄色
　　　　　粪污痕迹

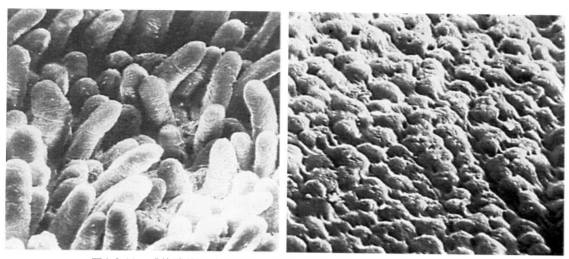

图1-3-11　感染猪的肠绒毛变短、坏死、脱落（左）；健康猪空肠绒毛（右）

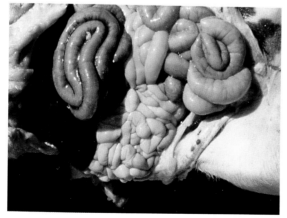

图1-3-12　暴发腹泻和呕吐的哺乳仔猪肠道中有黄
　　　　　色粥样内容物和肠臌气

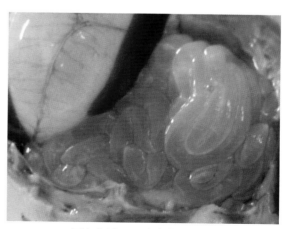

图1-3-13　肠壁变薄，透明

（四）猪流行性腹泻
【临床症状】

图1-3-14　严重腹泻

图1-3-15　仔猪呕吐

图1-3-16　精神沉郁、厌食、消瘦，部分发病哺乳仔猪有爱趴到母猪身上睡觉的特异行为

【病理变化】

图1-3-17　小肠扩张，肠管内充满黄色液体

图1-3-18　断奶仔猪卡他性肠炎，肠臌气和肠内有黄色内容物

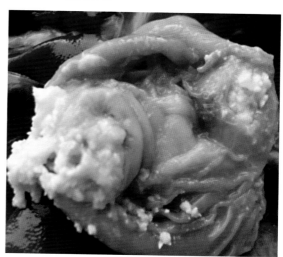

图1-3-19　胃内有未消化凝乳块

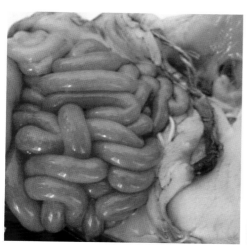
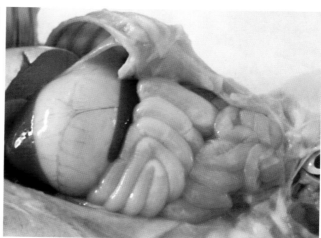

图1-3-20　小肠扩张，肠管内充满黄色液体

（五）仔猪副伤寒

【临床症状】

图1-3-21 病猪腹泻，脱水，消瘦

图1-3-22 耳根、胸前和腹下皮肤有紫斑

【病理变化】

图1-3-23 沙门氏菌病猪结节性肠炎病变

图1-3-24 肝脏上散在有小坏死灶

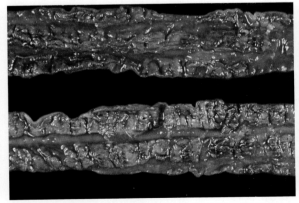

图1-3-25 生长猪结肠的坏死性干酪样肠炎

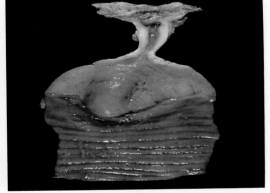

图1-3-26 肠壁的硬化导致生长猪直肠腔极度狭窄（通常见于病菌引起的溃疡性直肠炎和栓塞性痔，也可见于病菌引发的直肠脱出）

（六）猪球虫病

【临床症状】

图1-3-27　猪球虫病发病小猪粪便呈灰色

图1-3-28　猪球虫病发病小猪粪便

【病理变化】

图1-3-29　10日龄仔猪结肠的慢性卡他肠炎，黄色不
　　　　　成型的内容物黏附在黏膜上

（七）猪增生性肠炎

【临床症状】

图1-3-30　后备母猪臀部污染血粪

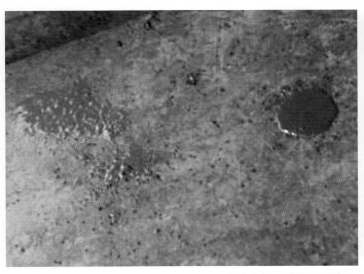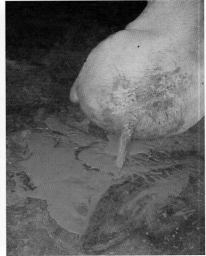

图1-3-31　黄褐色稀粪

图1-3-32　黑褐色粪便

【病理变化】

图1-3-33　发病生长猪的回肠末端

图1-3-34　生长猪的盲肠黏膜过度肿胀

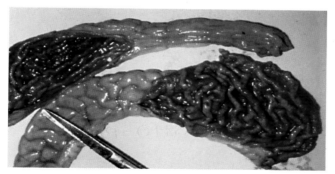

图1-3-35　肠黏膜增厚

图1-3-36　肠管变厚

图1-3-37　黑色的结肠盲肠内容物

图1-3-38　慢性回肠炎肠黏膜和肠壁增厚

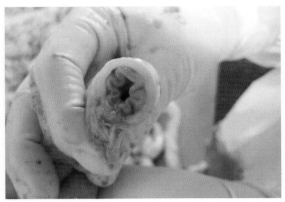

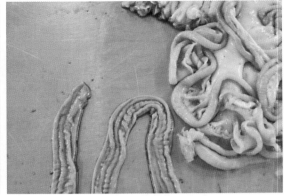

图1-3-39 局限性回肠炎最显著特征是外肌层肥大

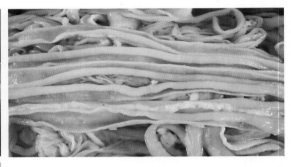

图1-3-40 下部小肠肠腔光滑收缩，变得如同硬管，习惯上称为"软灌肠"，外观又白又圆，手感较硬

图1-3-41 大肠出血

附：消化系统疾病鉴别诊断

（一）腹泻

　　粪便的质度与食物有一定关系。腹泻可能与大肠或小肠疾病的症状有关。小肠患病时常出现的症状是呕吐、黑粪、消化不好的粪便、大量粪便和腹泻。大肠有病的病例很少发生呕吐，但粪便可能带血、表面有可见的黏液，猪频繁排出少量粪便和里急后重。

　　猪在不同生长阶段出现的腹泻可能由不同的疾病引起，见表1-3-1、表1-3-2、表1-3-3。可根据病史、临床症状和剖检病变作出可疑诊断，但一种病原或有一种以上的伴发病时，临床症状表现不尽相同，因此，临床上应尽可能地多收集一些资料，加以鉴别。

　　未断奶猪腹泻病因主要包括大肠杆菌病、低血糖症、传染性胃肠炎、梭菌性肠炎、球虫病和轮状病毒性肠炎，而猪痢疾、猪丹毒和沙门菌病比较少见。伪狂犬病和弓形虫病也能引起仔猪腹泻，但腹泻一般不是主要的临床表现。暴发性和迅速散播的腹泻一般与病毒性病因有关。隐性发生、缓慢传播、随时间逐渐加重的病例往往见于细菌病或寄生虫病。传染性胃肠炎、球虫病、轮状病毒性肠炎、大肠杆菌病等一旦成为猪群的问题就很难被消灭。了解疫苗接种或药物执行情况，有助于诊断某些疾病。

　　开始发生腹泻的日龄常是病因的标志。出生后1～2 d发生的腹泻，可能是大肠杆菌病、低血糖症或梭菌性肠炎引起的，球虫性腹泻最早发生在5～7日龄，传染性胃肠炎、轮状病毒性肠炎、猪痢疾、沙门菌病和猪丹毒引起的腹泻常发生在出生1周之后。但大肠杆菌和无乳症引起的腹泻也常见于3周龄猪。急性严重腹泻是各种年龄的仔猪发生传染性胃肠炎和伪狂犬病的典型症状。

　　一般情况下，仔猪发生腹泻时，常常是整窝仔猪被感染。对于很多传染病，如果母猪接种了疫苗，仔猪则有充足的抗体；如果母猪没有免疫，则仔猪缺乏乳源抗体。但梭菌性肠炎例外，它可能只感染一窝中的少数猪，而且通常是最大、最健康的猪。低血糖症也只引起一窝中少数猪发病，往往是最小的猪。

　　检查粪便的pH有助于鉴别腹泻的原因，传染性胃肠炎和轮状病毒性肠炎可以引起肠绒毛萎缩的疾病，腹泻粪便呈酸性，而其他肠病引起的腹泻粪便呈碱性。

　　有些腹泻与猪的环境管理水平有关，如大肠杆菌病最常见于管理和卫生差的情况下。在被大肠杆菌感染的猪群内，初产母猪所产的仔猪比经产母猪的仔猪更易受到感染。传染性胃肠炎则与母猪连续产仔和经常从外边引进猪有较大关系。

表1-3-1　引起未断奶猪腹泻的疾病的临床症状比较

疾　病	出现症状的年龄	发病率与死亡率	发病季节	腹泻外观与其他症状	发病经过与有关因素
大肠杆菌病	1～4日龄猪和3周龄猪多见	发病率与死亡率不一，通常全窝感染，但邻窝可正常	冬季；夏季无乳多发	黄白色水样，有气泡，pH 7.0～8.0；脱水，腹膜苍白，尾可能坏死	渐进发作；发病常与管理差、环境脏及温度有关

（续）

疾 病	出现症状的年龄	发病率与死亡率	发病季节	腹泻外观与其他症状	发病经过与有关因素
传染性胃肠炎	各种日龄猪同时发生	发病率高，死亡率在4周以上低，1月龄内近100%	寒冷月份，当年11月至翌年4月	黄白色水样，有特征性气味；呕吐，脱水	暴发性，所有窝同时感染
猪流行性腹泻	任何年龄	不一，但通常高		水样；呕吐，脱水；较大的猪可能症状较重	暴发，病程快
轮状病毒病	1~5周龄	发病率不一，可达75%，死亡率低，5%~20%		水样、糊状，混有黄色凝乳样物，pH 6.0~7.0；偶见呕吐	流行性：突然发生，快速传播；地方性：与传染性胃肠炎一样
伪狂犬病	任何年龄。青年仔猪较重	发病率与死亡率高，达50%~100%	冬季	呆滞，流涎，呕吐，呼吸困难；共济失调，中枢神经系统症状	在以前未感染过的猪群中暴发
仔猪红痢（产气荚膜梭菌感染）	1~7日龄	每窝中1~4头猪发病，大而健康的猪易感染，死亡率高		水样、黄色血样、灰黏液样；偶尔呕吐	缓慢传播遍及产房，四型（最急性型、急性型、亚急性型、慢性型）可能同时见于不同窝内；常见于加入新猪后
猪痢疾	7日龄或更大，特别是周龄	发病率与死亡率低，成窝散发	夏末和秋季	水样带血黏液，或黄灰色	第一次暴发常见于加入新猪后
沙门氏菌病	3周龄			黏液出血性；败血症	
球虫病	6~15日龄，特别是7日龄猪	发病率不一，可达75%，死亡率低	高峰期在8~9月	水样黄灰色、很臭，pH 7.0~8.0；有的可能排"羊屎粒"便	散发，逐渐增加，常与硬地板有关

表1-3-2 引起未断奶猪腹泻的疾病的病理变化比较

疾 病	肉眼病变	病理组织学变化
大肠杆菌病	胃常充满，乳糜管内有脂肪，肠充血或不充血，肠壁轻度水肿，肠扩张，充盈液体、黏液和气体	无病变
传染性胃肠炎	乳糜管中无脂肪，肠内有黄色液体和气体，肠血管充血，小肠壁薄，胃壁出血，胃内容物前2~3d是奶，过4~5d是绿色黏液	空肠、回肠绒毛严重萎缩
轮状病毒病	胃内有奶或凝乳块，肠壁薄，充满液体，盲、结肠扩张，乳糜管内有不等量的脂肪	空肠、回肠绒毛中度萎缩

（续）

疾 病	肉眼病变	病理组织学变化
伪狂犬病	坏死性扁桃体炎，咽炎，肝和脾坏死灶，肺充血	非化脓性脑膜脑炎，有血管套现象
仔猪红痢（产气荚膜梭菌感染）	病变见于空肠、回肠。最急性：肠壁出血，肠腔中有血样液体，腹腔有血液性液体，腹膜淋巴结血；急性：空肠壁气肿，黏膜变厚，坏死，坏死性膜；亚急性和慢性：轻度出血，坏死膜菲薄	肠壁广泛性出血，黏膜坏死
猪痢疾	病变局限于大肠壁：充血、水肿；黏膜为黏液纤维素性、出血性发炎，常有伪膜	大肠黏膜表层坏死和出血
沙门氏菌病	整个胃肠道卡他性、出血性到坏死性肠炎，实质器官和淋巴结出血和坏死，肝局灶坏死，胃肠道弥漫或局灶性溃疡	肠黏膜溃疡，肝和脾坏死灶
球虫病	肠黏膜纤维素性坏死性炎症，特别是在空肠和回肠，而大肠无病变	轻度至重度绒毛萎缩，黏膜呈纤维素性和坏死性炎症

表1-3-3 以腹泻为主要临床症状的保育仔猪和育成早期猪的疾病

血	病变部位	可能的原因
腹泻带血	胃	胃溃疡
	大肠和小肠	增生性出血性肠炎、霉菌毒素、肠炎疽
	大肠、结肠	猪痢疾、鞭虫、沙门氏菌性肠炎
腹泻无血	无肉眼病变	大肠杆菌病、林肯霉素或泰乐菌素；水肿病先于神经症状的早期症状
	小肠	传染性胃肠炎、轮状病毒性腹泻、增生性回肠炎、猪流行性腹泻
	大肠	沙门氏菌性肠炎、结节线虫
	大肠和小肠	霉菌毒素

（二）呕吐

猪呕吐的病因见表1-3-4。流行性腹泻和传染性胃肠炎的特征性临床症状为呕吐，轮状病毒性肠炎、伪狂犬病和猪瘟也可以出现呕吐。猪有呕吐症状，常考虑病毒性病因。较大猪的呕吐除与病毒感染有关外，也可能与毒素或对胃肠道产生局部刺激的因子有关，临床上应仔细观察其他系统的症状，将它们加以鉴别。

表1-3-4 引起猪呕吐的主要疾病

疾 病	发病年龄	呕吐明显程度	主要侵害的系统	其他症状
伪狂犬病	所有年龄，青年猪较严重	中等频度常见	神经	呼吸困难、流涎、腹泻、震颤、神经系统症状；母猪正常或咳嗽、厌食、便秘、神经症状

（续）

疾 病	发病年龄	呕吐明显程度	主要侵害的系统	其他症状
传染性胃肠炎	所有年龄，青年猪较严重	明显	胃肠	多量、水样腹泻；母猪正常或厌食，呕吐、腹泻
猪流行性腹泻	所有年龄，青年猪较严重	明显	胃肠	多量、水样腹泻；母猪正常或厌食，呕吐、腹泻
轮状病毒性肠炎	哺乳猪少见	偶见	胃肠	水样腹泻
猪瘟	所有年龄	中等频度常见	全身疾病	嗜眠、发绀、发热、腹泻、出血；母猪也有类似症状
最急性传染性胸膜肺炎	所有年龄，但暴发常见于育肥猪	偶见	呼吸	呼吸困难，咳嗽，口鼻流出血色液体，发绀
胃溃疡	育肥猪和成年猪	偶见	胃肠	贫血，煤焦油样粪，磨牙，体重减轻
类圆线虫	断奶猪至育肥猪	偶见	胃肠	腹泻，迅速消瘦，厌食，贫血
硫胺素缺乏	通常仅见于试验猪	中等频度常见	全身疾病	厌食，生长慢，腹泻
核黄素缺乏	通常仅见于试验猪	中等频度常见	全身疾病	生长慢，白内障，步态僵硬，皮肤生鳞屑，皮疹，溃疡和秃毛

四、猪急性热性疾病

（一）猪瘟
【临床症状】

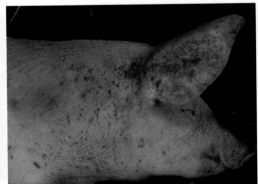

图1-4-1　皮肤出血

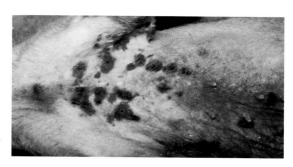

图 1-4-2　前胸出血

【病理变化】

图 1-4-3　喉、会厌软骨出血

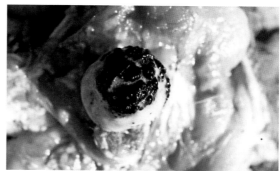

图 1-4-4　膀胱黏膜出血

图 1-4-5　胃黏膜出血、溃疡

图 1-4-6　急性下颌淋巴结出血

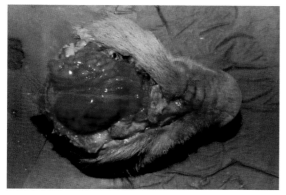

图 1-4-7　脑软膜充血、混浊、稍突出于颅腔

图 1-4-8　大叶性出血性肺炎

图1-4-9　喉头黏膜有出血斑点

图1-4-10　回盲口黏膜上单个"纽扣状肿"及融合溃疡

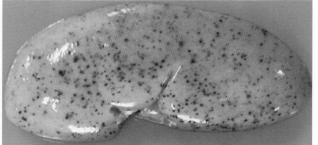

图1-4-11　肾脏出血

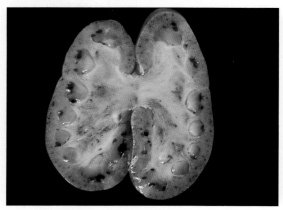

图1-4-12　肾脏皮质、髓质的出血

图1-4-13　结肠浆膜出血

52

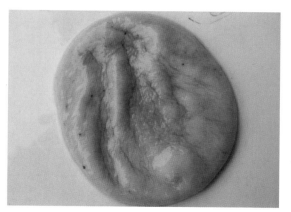

图1-4-14 膀胱出血

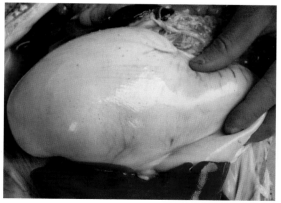

图1-4-15 胃浆膜面出血点

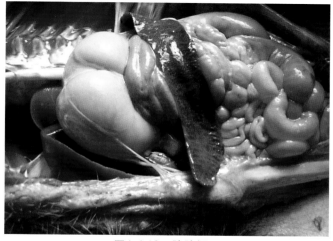

图1-4-16 脾脏梗死

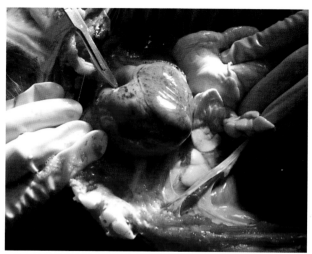
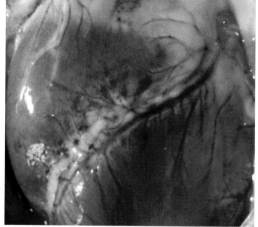

图1-4-17 心外膜出血

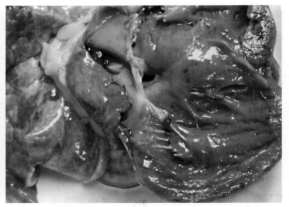

图1-4-18　心内膜出血

图1-4-19　肾脏表面裂缝

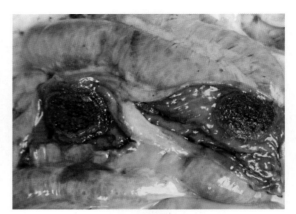

图1-4-20　结肠黏膜纽扣状溃疡

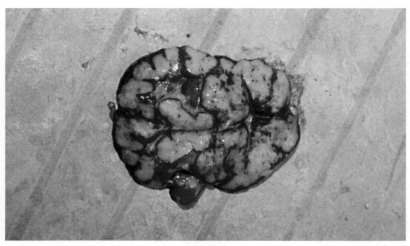

图1-4-21　淋巴结呈大理石样变

（二）猪丹毒

【临床症状】

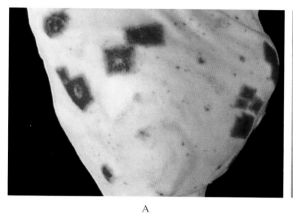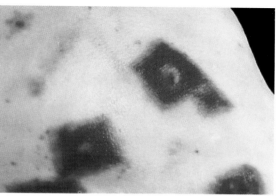

A   B

图1-4-22 生长猪发生的猪丹毒

（A.皮肤损伤处的坏死病灶和菱形出血块；B.损伤处近观）

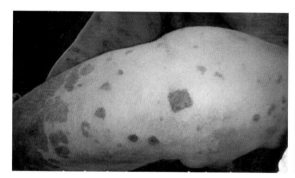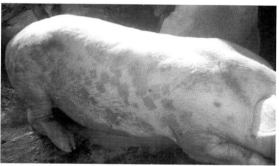

图1-4-23 全身皮肤疹块

【病理变化】

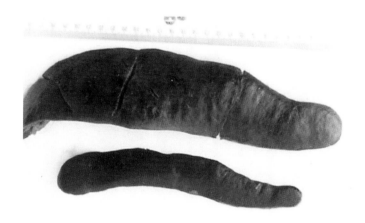

图1-4-24 脾充血、肿大（上）；正常对照（下）

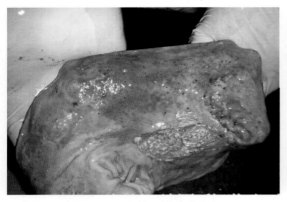

图 1-4-25　急性型胃黏膜出血

图 1-4-26　急性型心脏出血

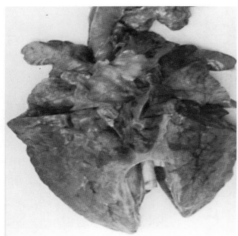

图 1-4-27　肺水肿，小叶间质增宽（伴发猪支原体肺炎）

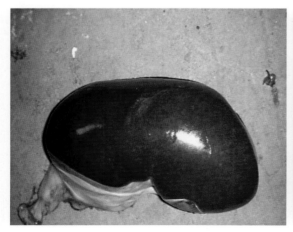
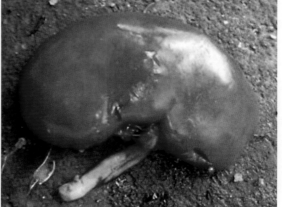

图 1-4-28　肾肿大、紫红色

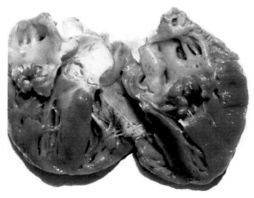
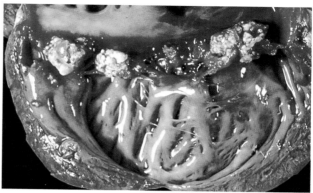

图 1-4-29　生长猪慢性病例，心瓣膜菜花样增生物

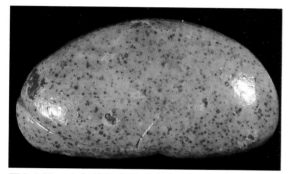
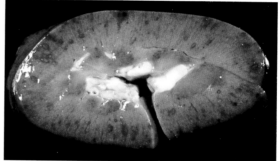

图 1-4-30　生长猪栓塞转移性间质性肾炎（充血病　　图 1-4-31　前图肾切面，由细菌栓引起的楔形损伤
　　　　　　灶内有多个白点）

（三）猪链球菌病

【临床症状】

图 1-4-32　最急性猪链球菌病发病死亡猪

图1-4-33　神经症状

图1-4-34　关节肿大，疼痛，跛行，甚至不能站立

图1-4-35　病猪头部皮肤充血、潮红，鼻孔流出泡沫样液体

图1-4-36　腹下、四肢皮肤瘀血斑

图1-4-37　口鼻出血，病猪突然死亡

【病理变化】

图1-4-38　胸腔黄色混浊液体

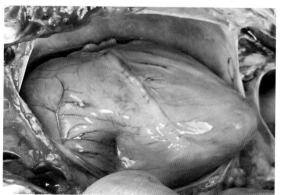

图1-4-39　心包积液

图1-4-40　心包积液逐渐纤维化

图1-4-41　肺出血

图1-4-42　出血性和纤维素渗出性肺炎

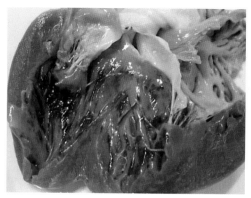

图1-4-43　急性心脏内膜出血

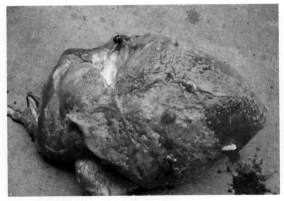

图1-4-44 心外膜包裹纤维素及出血

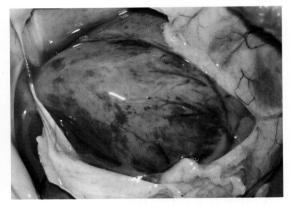

图1-4-45 心外膜出血

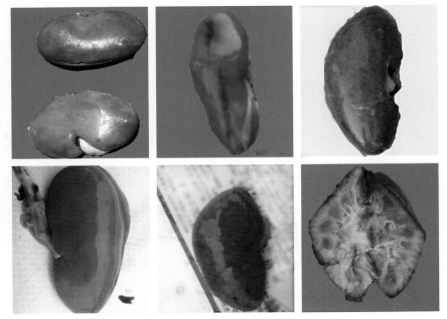

图1-4-46 不同程度的肾脏病变

图1-4-47 脾脏肿大，质脆而软

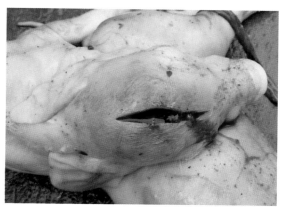

图1-4-48 流产胎儿的脑膜炎症

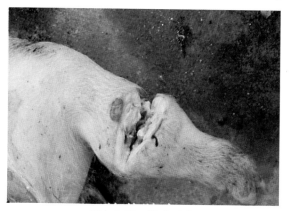

图1-4-49 关节肿大

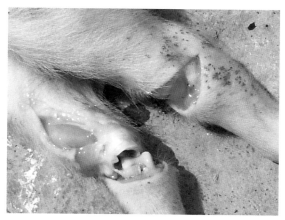

图1-4-50 关节腔及周围皮下胶冻样水肿

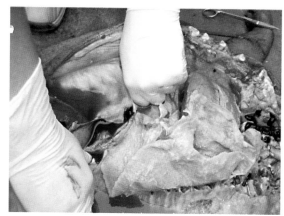

图1-4-51 急性病例胸腔器官发生粘连

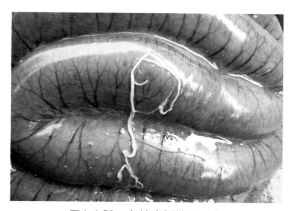

图1-4-52 急性病例结肠出血

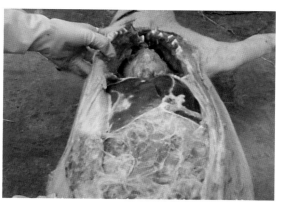

图1-4-53 腹腔有纤维素性渗出物

（四）猪口蹄疫
【临床症状】

图1-4-54 蹄壳脱落、出血

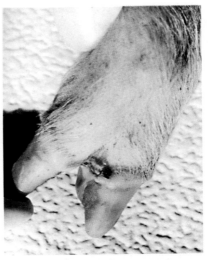

图1-4-55 蹄叉部水疱破溃

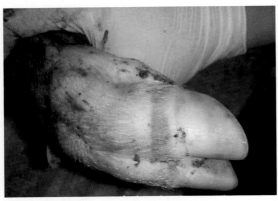

图1-4-56 蹄冠部皮肤充血

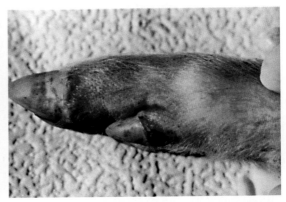

图1-4-57 蹄冠部皮肤水疱，及水疱破溃后之糜烂面

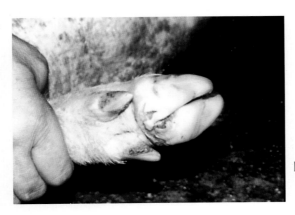

图1-4-58 蹄踵部红肿，蹄叉部溃疡

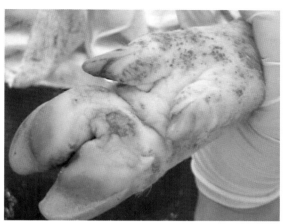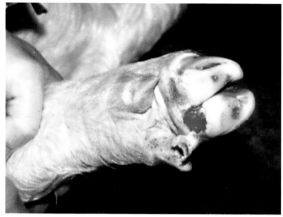

图1-4-59　蹄踵部水疱破裂后皮肤溃烂，露出出血的皮下组织（右）

图1-4-60　前肢跪地

图1-4-61　鼻镜部出现水疱

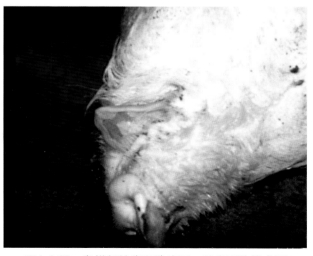

图1-4-62　鼻拱部结痂和溃疡面，舌表面的溃疡面

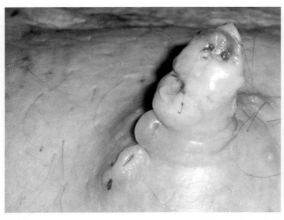
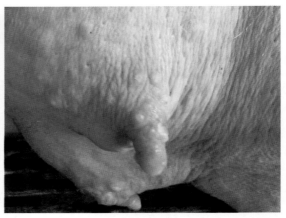

图1-4-63 乳头及周围皮肤水疱

【病理变化】

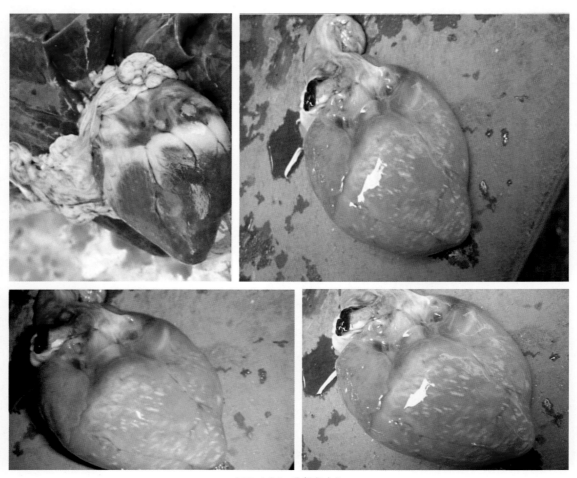

图1-4-64 "虎斑心"

图 1-4-65　间质性肺炎病变

附：以败血症为主症的常见猪病的鉴别

表 1-4-1　以败血症为主症的猪病的鉴别

项　目		猪　瘟	猪丹毒	猪肺疫	仔猪副伤寒	猪弓形虫病
病原体		猪瘟病毒	猪丹毒杆菌	多杀性巴氏杆菌	沙门氏菌	弓形虫
流行病学	发病季节	不分季节	多在夏、秋多雨季节流行	秋末春初，气候骤变时易发生	不分季节，饲养管理及卫生条件不良易发生	7～9月发病较多
	年龄	各种年龄	3～12月龄	中、小猪	2～3月龄	断奶后仔猪发病较多
	流行性	传播迅速，发病率高，呈流行性	地方流行性，急性型死亡率高	散发或继发	散发或缓慢传播	猫作为终末宿主，可到处传播
	死亡率	90%	疹块型死亡率低	发病率高，死亡率低，可自愈	发病率和死亡率均较高	30%～40%
临床症状	体温	40～41℃	42℃	41℃	41℃以上	40～42℃
	粪便	初便秘后腹泻		初便秘后腹泻	持续腹泻，粪便恶臭	初便秘后腹泻
	呼吸	有时咳嗽	较困难	呼吸困难呈犬坐姿势	并发肺炎	呼吸困难，腹式呼吸或犬坐姿势
	皮肤	皮肤上有紫红色斑点，指压不褪色	皮肤发红，有的呈暗红色或紫色，指压褪色	皮肤上有红色出血点	皮肤有紫色斑点	耳、尾部、四肢、胸部出现片状紫色淤血斑
	其他	化脓性结膜炎，有神经症状，妊娠母猪流产或死胎	慢性有关节炎	咽喉部肿胀	病末期十分瘦弱	眼结膜潮红，有神经症状。妊娠母猪流产或死胎

（续）

项 目		猪 瘟	猪丹毒	猪肺疫	仔猪副伤寒	猪弓形虫病
病理变化	心	心内外膜出血，以左心耳为主	慢性型心瓣膜有疣状物	心内外膜有出血点	心内外膜有出血点	心脏肿大，有出血点和坏死灶
	肺			有红色肝变区，常见肺水肿	充血、水肿、慢性的肺变硬	肺水肿、间质增宽，呈玻璃样变性
	胃肠	慢性大肠黏膜有纽扣大小的圆形溃疡	胃及十二指肠黏膜红肿及出血		肠黏膜有浅平的痂和不规则形溃疡	肠有溃疡和纤维素性炎症
	肝脾	脾脏边缘梗死	脾肿大呈紫红色		肝肿大、充血、出血，有坏死点。脾肿大，呈蓝紫色，硬度似橡皮	有出血点及灰白色坏死灶，肝脏肿大
	肾	有针尖大小出血点	肾肿大			有出血点及坏死灶
	淋巴结	切面周边出血，呈大理石样	充血、肿胀，切面多汁	淋巴结肿胀、出血	淋巴结肿胀、充血	肿大、充血和出血，切面多汁。呈黑紫红色，有的可见坏死灶
治疗		无特效药	青霉素类药物有特效	抗生素、磺胺类药物有效	抗生素、磺胺类药物有效	磺胺类药物有特效

五、猪的皮肤疾病

（一）仔猪渗出性皮炎
【临床症状】

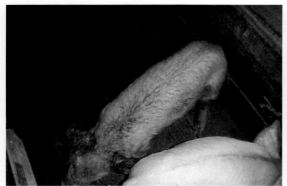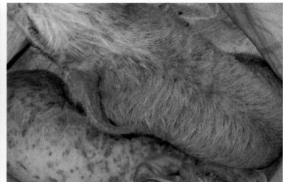

图1-5-1　皮肤上灰尘、皮屑和垢物凝固成龟背样痂块

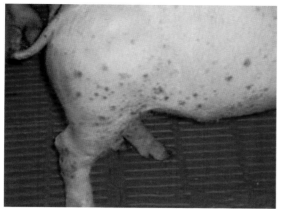

图1-5-2　皮肤红斑、丘疹

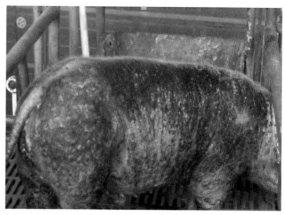

图1-5-3　皮肤上灰尘、皮屑和垢物凝固成龟背样痂块

【病理变化】同临床症状

（二）猪疥螨病

【临床症状】

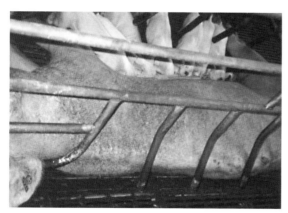

图1-5-4　皮肤粗糙且脱毛

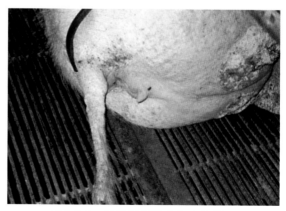

图1-5-5　结缔组织增生和皮肤增厚

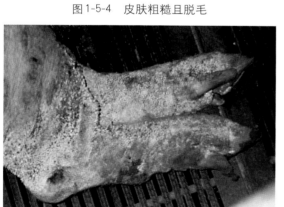

图1-5-6　关节处形成灰色、松动的厚痂

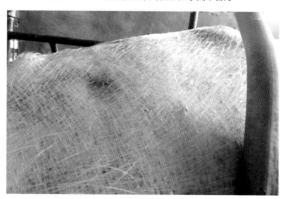

图1-5-7　皮肤结痂

【病理变化】同临床症状

六、母猪产科病

（一）产后泌乳障碍综合征

【临床症状】

图1-6-1　原料发霉导致乳房炎

图1-6-2　饲料酸败、变质导致乳房炎（Ⅰ）

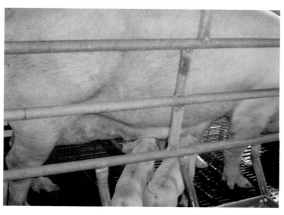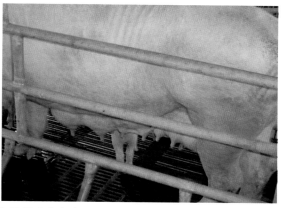

图1-6-3　饲料酸败、变质导致乳房炎（Ⅱ）

【病理变化】同临床症状

（二）子宫内膜炎

【临床症状】

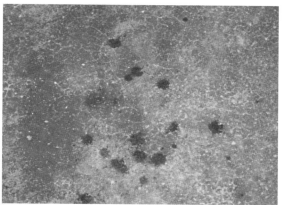

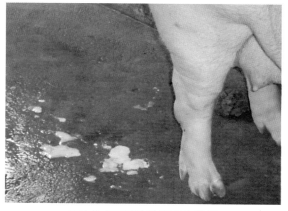

图1-6-4　配种后子宫内膜炎

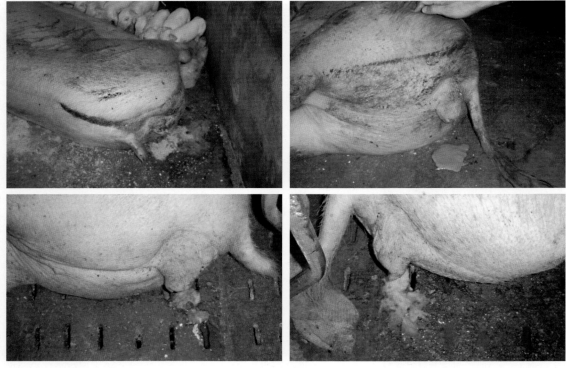

图1-6-5　分娩后子宫内膜炎

【病理变化】

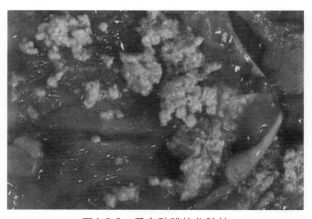

图1-6-6　子宫黏膜的化脓灶

附：母猪无乳疾病鉴别诊断

无乳，即不能产奶，母猪无乳后，吮乳猪常吵闹、不安；随时间延长小猪开始消瘦。无乳母猪若出现发热、沉郁或厌食等临床症状，往往与传染性原因有关；如果母猪精神状态很好，表现有生气、机警，则其无乳往往是由激素或营养性原因引起的。母猪无乳的原因见表1-6-1。

表1-6-1　母猪无乳的原因

母猪的情况	临床所见	原　因
母猪呈病态，体温升高，沉郁，厌食	胸卧，乳腺红、肿、热、痛	由大肠杆菌、克雷伯菌、链球菌引起的乳房炎；猪繁殖与呼吸综合征病毒（PRRSV）等病毒感染
	充血，厌食，喘，呼吸困难	猪应激综合征，中暑虚脱
	产仔前1～2周可见乳腺肿大，水肿，痛	维生素E（硒）缺乏，常有由继发性细菌性感染引起的乳房炎
	恶臭的脓性或血样的阴道排出物，厌食	由大肠杆菌、链球菌、克雷伯菌引起的子宫炎
	厌食，贫血，乳房和外阴可能水肿	急性附红细胞体病
	鼻盘、口、蹄部有水疱	水疱性疾病
母猪正常，体温正常	乳房构造异常	瞎乳头，乳头内翻或损伤
	乳房构造正常，但乳腺组织发育不好	母猪发育不良；激素调节障碍；与饲料有关；或维生素E、硒、泛酸、核黄素缺乏
	乳房构造正常，乳腺组织过硬（硬乳房）	饲料中盐分过多；产仔前或产后几天内过饲；任何妨碍仔猪吮乳能力的因素（八字腿，未拔出尖齿、猪弱小）

七、猪的营养与代谢性疾病

（一）母猪生产瘫痪

【临床症状】

图1-7-1　后肢站立不起

图1-7-2　不能站立

【病理变化】同临床症状

（二）猪胃溃疡
【临床症状】

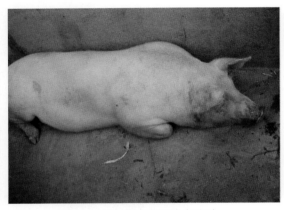
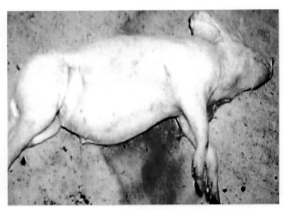

图1-7-3　胃溃疡母猪喜跪卧　　　　　　　　图1-7-4　皮肤苍白，血液稀薄如水

【病理变化】

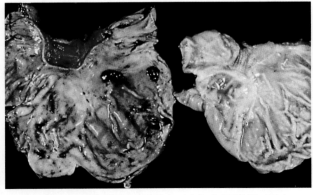
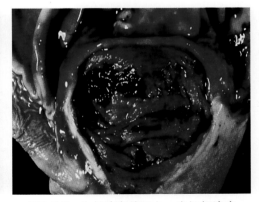

图1-7-5　生长猪贲门区溃疡（左）和正常胃（右）　　　图1-7-6　生长猪突然死亡，幽门部溃疡

（三）猪咬尾症

【临床症状】

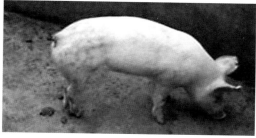

图1-7-7　咬　尾

【病理变化】同临床症状

（四）猪裂蹄

【临床症状】

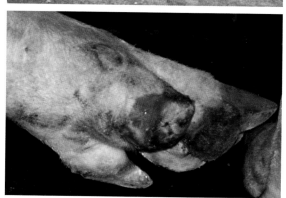

图1-7-8　蹄　裂

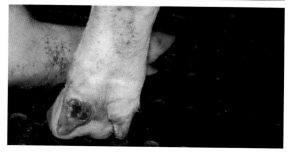

【病理变化】同临床症状

八、猪的中毒性疾病

（一）玉米赤霉烯酮中毒
【临床症状】

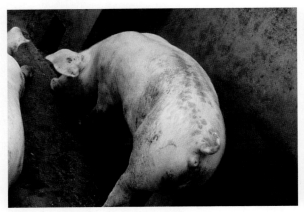

图1-8-1　育肥猪外阴红肿

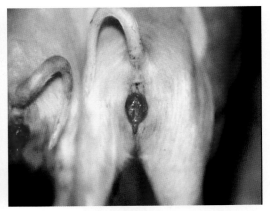

图1-8-2　肛门及阴部出血，或形成坏死

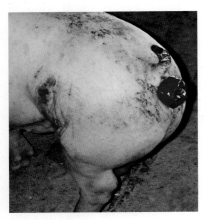

图1-8-3　脱肛或阴部突出

【病理变化】

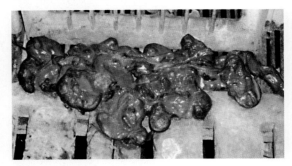

图1-8-4　在3～4月，木乃伊率增加，可达10%以上，体况越来越小

图1-8-5　死胎率增加，高达10%

（二）T-2毒素中毒

【临床症状】

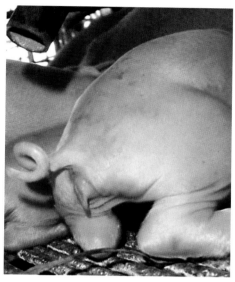

图1-8-6　外阴红肿

【病理变化】同临床症状

模块二　猪病防治

一、消毒

（一）门口消毒

1.人员消毒　人员进场前应在更衣室内淋浴后，更换场内专用工作服、鞋和帽进入生产区。无淋浴条件的应在更衣室内穿戴工作服，更换场内专用工作鞋，双手在消毒池（盆）内浸泡消毒后，经消毒通道进入生产区。工作服、鞋帽用后应悬挂于更衣室内，开启紫外线灯（照射2 h）消毒，也可用熏蒸法消毒，以备下次再用。

2.车辆消毒　本场车辆自场外返回进入生产区时，应在大门外对其外表面及所载物表面消毒后，通过消毒池进入。如车辆装载过畜禽或其产品，或自发生疫情地区返回时，应在距场区较远处对车辆内外（包括驾驶室、车底盘）进行彻底冲洗消毒后方可进入场区内，但7 d内不得进入生产区。

3.物品消毒　对于生产用物资（如垫草、扫把和铁锹等），用消毒剂对其表面消毒即可，有疫情时须经熏蒸法消毒后才可用于生产。

（二）场区消毒

1.非生产区　生活区、生产辅助区应经常清扫，保持其清洁卫生，并定期消毒。

2.生产区　舍外道路每日清扫1次，每周消毒1～2次。有外界疫情威胁时，应提高消毒剂的浓度，增加消毒次数。场内局部发生疫情时，要在有疫情猪舍相邻的通道上铺垫麻袋或装锯末的编织袋，在其上泼洒消毒剂并保持其湿润。赶猪通道、装猪台在每次使用后立即清扫、冲洗并喷洒消毒剂。称重的磅秤用后必须清扫干净，再用拖布蘸取消毒剂进行擦拭消毒。尸体剖检室或剖检尸体的场所、运送尸体的车辆及其经过的道路均应于使用后立即使用喷洒法或浇泼法、浸泡法等方式进行消毒（可根据实际情况选择合适的消毒方式）。粪便运输专用道路应在每日使用后立即清扫干净，定期（每周或每两周1次）消毒，贮粪场地应定期清理、消毒。发生疫情的猪舍应暂停外运粪便，将粪便堆积在舍外运动场（或空地）上，并进行消毒。

（三）猪舍消毒

1.技术要求

（1）消毒剂类型及配制浓度。空栏和带猪消毒允许选用的消毒剂类型及配制浓度，见

表2-1-1。

表2-1-1　空栏和带猪消毒允许选用的消毒剂类型及配制浓度

消毒剂类型*	有效成分	配制方法（按配成消毒液中含消毒剂的有效成分计）
烧碱	氢氧化钠	3%
二氯异氰脲酸钠	有效氯	1：500（保证有效氯含量达到0.04%）
复合酚类	酚+醋酸	1：500（保证酚含量达到0.1%）
戊二醛类	戊二醛	1：500（保证戊二醛含量达到0.0001%）

* 养猪生产消毒尽量避免使用过氧乙酸类和酸碘剂类消毒剂，这两类消毒剂的主要消毒成分是酸。酸的腐蚀性强，而且混凝土呈碱性，因此消毒液喷到混凝土地面后快速失效。如果猪病比较复杂，须增加消毒剂用量，提高消毒液浓度（具体用量由技术主管决定）。

（2）喷雾操作要求。要求猪身、猪舍地面、食槽及器具、围栏及猪舍四壁全部喷透，不能留死角。

（3）喷雾、喷淋密度要求。每100 m² 消毒面积，需要喷消毒液60 L或以上，至猪身、墙面、消毒器具（接受消毒的器具）表面出现滴水，地面出现流水即为合格。

2.空栏消毒　空栏消毒，是确保猪群健康的一项关键性措施。一些比较复杂的猪传染病，如猪链球菌病、因蓝耳病毒感染而诱发的猪链球菌病、猪流行性腹泻等，如果没有强有力的空栏消毒措施做保证，这些猪传染病基本很难控制。因此，每个猪场都需要花大力气把这项消毒工作做好，确保每个细节到位。

各生产阶段的猪出栏或出售后，空出的猪栏都必须严格进行空栏消毒，待猪栏空置一定时间后，方可转进新的猪群。在日常生产中，如果发现某栋猪舍的猪群健康状况不理想，应尽快调整栏舍周转或生猪出售计划，及时把整栋猪舍空出来，空出的猪舍经彻底清洗消毒后，空置7 ~ 14 d，再放进新的猪群饲养。

（1）配种妊娠舍。配种妊娠舍空栏消毒不是很好安排，但应尽可能创造条件，使公猪栏、后备母猪栏、限位母猪栏都能做到分批或分段空栏消毒。配种空栏消毒要求参照生长中猪舍空栏消毒要求执行。

（2）分娩舍。按分娩舍母猪生产批次进行消毒，每批相当于栏舍的一个单元。将每个单元的母猪全部断奶，小猪全部移出产床后，按以下程序清洗和消毒。如因生产需要空出整栋分娩舍清洗消毒，清洗和消毒程序和以下程序相同。

①断奶后栏舍清洗。

a.将保温箱、小猪补料槽等能够移动的器具移到室外。

b.用过的麻袋丢进含3%烧碱的消毒池中浸泡。

c.如果因病毒性腹泻或其他猪病流行造成哺乳小猪发病增多，只要漏缝地板能够拆开，还必须拆开产床的漏缝地板，并将其移至室外。

d.用高压水枪将产房屋顶、墙壁、地板、排粪沟、母猪栏架、未拆开的漏缝地板等冲洗干净，彻底清除各种污物，不留卫生死角。

e.移至室外的小猪保温箱、补料槽、漏缝地板等，用高压水枪冲洗干净。将冲洗干净的漏缝地板放到加压水池或其他水池中，用3%烧碱溶液浸泡。

②断奶后栏舍消毒。

a.栏舍清洗干净后，室内的屋顶、墙壁、地板、排粪沟、母猪栏架、未拆开的漏缝地板等和室外的小猪补料槽及其他金属器具，全部用二氯异氰脲酸钠类消毒剂喷雾消毒1次。

b.移至室外的保温箱，用3%烧碱溶液喷淋消毒1次。

c.如因病毒性腹泻或其他猪病流行造成哺乳小猪发病增多，室内的房顶、墙壁、地板、排粪沟、母猪栏架、未拆开的漏缝地板等和室外的小猪补料槽、保温箱等所有金属和非金属设备、器具，都可以考虑用3%烧碱溶液喷淋消毒。

③空栏。自上一批母猪断奶空栏至新待产母猪进产房待产，产房必须空置72 h（3 d）及以上。如因生产需要把整栋产房空出进行空栏消毒，空置时间要求达到7 d以上。

④待产母猪上栏前清洗。

a.在新待产母猪调入产房前1 d，将室内的房顶、墙壁、地板、排粪沟、母猪栏架、未拆开的漏缝地板等和室外的保温箱、小猪补料槽等，再次在原地用高压水枪冲洗干净。

b.将冲洗干净的保温箱和小猪补料槽装回产床。

c.将烧碱池浸泡的麻袋以及拆开后放进烧碱池的漏缝地板从烧碱池中捞出，用高压水枪冲洗干净。将漏缝地板装回产床，麻袋原地晒干后收回室内备用。

⑤待产母猪上栏前消毒。将漏缝地板和保温箱装回产床后，整个产床与室内的墙壁、地板、排粪沟等，用复合酚类消毒液喷雾消毒一次。如无复合酚类消毒剂可供选用，则可使用戊二醛类消毒剂。

⑥待产母猪上栏后消毒。待产母猪于预产前3～7 d调入产房，待所有母猪上产栏后，先用清水把栏舍和母猪猪身冲洗干净，然后用复合酚类消毒剂带猪喷雾消毒1次。消毒后，直至该批仔猪断奶，产房不准再用清水冲洗。

（3）保育舍。按保育舍仔猪生产批次进行消毒，每批相当于栏舍的一个单元。每个单元仔猪全部移出保育舍后，按以下程序清洗和消毒。如因生产需要空出整栋保育舍清洗消毒，清洗和消毒程序和以下程序相同。

①保育仔猪出栏后栏舍清洗。

a.将保温垫板、仔猪食槽等能够移动的器具移到室外。

b.如果因病毒性腹泻或其他猪病流行造成保育仔猪发病增多，生产不稳定，只要漏缝地板能够拆开，还必须拆开保育舍漏缝地板，并将其移至室外。

c.用高压水枪将保育舍房顶、墙壁、地板、排粪沟、栏架、未拆开的漏缝地板等冲洗干净，彻底清除各种污物，不留卫生死角。

d.移至室外的仔猪保温垫板、食槽、漏缝地板等，用高压水枪冲洗干净。将冲洗干净的漏缝地板放到加压水池或其他水池中，用3%烧碱溶液浸泡。

②保育小猪出栏后栏舍消毒。

a.栏舍清洗干净后，室内的房顶、墙壁、地板、排粪沟、母猪栏架、未拆开的漏缝地板等和室外的仔猪食槽及其他金属器具，用二氯异氰脲酸钠类消毒剂喷雾消毒1次。

b.移至室外的保温垫板及其他非金属器具，用3%烧碱溶液喷淋消毒1次。

c.如因病毒性腹泻或其他猪病流行造成哺乳仔猪发病增多，室内的房顶、墙壁、地板、排粪沟、栏架、未拆开的漏缝地板等和室外的小猪食槽、保温垫板等所有金属和非金属设备、器具，都可以考虑用 3% 烧碱溶液喷淋消毒。

③空栏。自上一批仔猪出栏至新断奶仔猪调进保育舍，栏舍必须空置 72 h（3 d）及以上。如因生产需要把整栋保育舍空出进行空栏消毒，空置时间要求达到 7 d 以上。

④ 新断奶仔猪上栏前清洗。

a.在新断奶仔猪调进保育舍前 1 d，将室内的房顶、墙壁、地板、排粪沟、栏架、未拆开的漏缝地板等和室外的保温垫板、仔猪食槽等，再次在原地用高压水枪冲洗干净。

b.将冲洗干净的保温垫板、仔猪食槽等，放回保育栏。

c.将烧碱池浸泡的漏缝地板从烧碱池捞出，用高压水枪冲洗干净后装回保育栏。

⑤新断奶仔猪上栏前消毒。将漏缝地板、保温垫板、仔猪食槽装回保育栏后，整个单元的保育栏架与室内的墙壁、地板、排粪沟等，用复合酚类消毒剂喷雾消毒 1 次。如无复合酚类消毒剂可供选用，则可使用戊二醛类消毒剂。

⑥新断奶仔猪上栏后消毒。新断奶仔猪上到保育舍后，不允许再行带猪消毒或冲洗栏舍。

（4）生长中猪舍。生长中猪舍的空栏消毒，按生产中猪的生产批次进行，每批相当于栏舍的一个单元。将每个单元的生长中猪全部移出生长中猪舍后，统一按以下程序清洗和消毒。如因生产需要空出整栋生长中猪舍清洗消毒，清洗和消毒程序和以下程序相同。

①生长中猪出栏后栏舍清洗。用高压水枪把室内房顶、墙壁、地板、排粪沟、栏架、食槽、漏缝地板等冲洗干净，彻底清除各种污物，不留卫生死角。

②生长中猪出栏后栏舍消毒。

a.将栏舍清洗干净后，室内房顶、墙壁、地板、排粪沟以及栏架、食槽、漏缝地板等设备和器具用二氯异氰脲酸钠类消毒剂喷雾消毒 1 次。

b.待喷雾过的消毒剂风干后，室内墙壁、地板、排粪沟、非金属材料的栏架、漏缝地板、食槽等设备和器具，统一用 3% 烧碱溶液喷淋消毒。

③空栏。自上一批生长中猪出栏至新保育仔猪进栏，栏舍必须空置 72 h（3 d）及以上。如因生产需要把整栋生长中猪舍空出进行空栏消毒，空置时间要求达到 7 d 以上。

④新保育仔猪上栏前清洗。在新保育仔猪调进生长中猪舍前 1 d，将室内的房顶、墙壁、地板、排粪沟以及栏架、漏缝地板等设备和器具，再次用高压水枪冲洗干净。

⑤新保育小猪上栏前消毒。清洗干净后，将整个单元室内的房顶、墙壁、地板、排粪沟，以及栏架、漏缝地板等设备和器具，用复合酚类消毒剂喷雾消毒 1 次。消毒剂如无复合酚类可供选用，允许用戊二醛类。

⑥新保育仔猪上栏后消毒。保育仔猪调进生长中猪舍后，先用清水把栏舍和猪身冲洗干净，然后用复合酚类消毒剂带猪喷雾消毒 1 次。

（5）育成大猪舍。由于同一批育成大猪，经常可能需要分多（次）批出售，因此，同一单元的育成大猪栏往往无法在同一天空出。为保证消毒效果，育成大猪舍（或生长育成混合猪舍）的空栏消毒实行"分批冲洗，集中消毒"原则。

①每出售一批育成大猪后，将空出的猪栏先用清水彻底冲洗干净、空置，等待剩余育成大猪分批出售。

②待大部分育成大猪出售后，如剩小部分或个别的短期内无法出售的尾猪，应将它们及时从育成大猪舍清出，转栏至隔离舍的待售猪栏继续饲养。

待同一单元的育成大猪栏（或生长育成兼用猪栏）全部空出后，统一按以上生长中猪舍的空栏消毒程序清洗和消毒。如因生产需要空出整栋育成大猪舍（或生长育成混合猪舍）清洗消毒，清洗和消毒程序亦参照生长中猪舍的空栏消毒程序。

3. **带猪消毒** 配种妊娠舍、生长舍、育成舍、隔离舍定期每月5日、15日、25日带猪喷雾消毒1次（保育舍和分娩舍不作定期带猪消毒）。消毒日期最好固定，遇大雨或强冷空气天气，消毒视天气情况顺延。在进行带猪喷雾消毒前，先用清水冲洗干净猪身、猪舍地面、食槽及器具、围栏及猪舍四壁，然后再进行喷雾消毒作业。

（四）其他常规消毒

1. **剖检消毒** 病因、死因不明猪只的剖检应在剖检室内或场外规定场所进行，运送病死猪时应防止其对环境的污染，剖检前应对病死猪进行清洗消毒，剖检完毕后应按有关规定处置尸体，勿使其对周围环境造成污染。剖检器械应浸泡消毒，所采集病料应妥善保管。剖检场地应用消毒剂泼洒清洗。

2. **工作服、鞋帽消毒** 职工工作中穿戴的衣服、鞋帽应定期清洗消毒，或置于日光下暴晒消毒。工作人员接触病猪后应将工作服、鞋帽置于消毒剂中浸泡消毒后再行洗涤。

3. **医疗器械消毒** 注射器、针头等应采用煮沸消毒法。消毒时，应拆卸开金属注射器，应将玻璃注射器内芯抽出，用纱布包裹后煮沸30 min，待其自然冷却后再行装配使用。体温计应在每次用后立即用酒精棉擦拭干净。手术刀、剪等器械用后应洗净并用消毒液浸泡消毒。

4. **粪便及污水消毒** 多采用堆贮发酵法消毒，有条件的可采用发酵塔将粪便加工成有机复合肥。若粪污水产生量较大，可采用沉淀池分级沉淀发酵法将其中大部分固形物分离出，沉淀后的水再经生物发酵可用于农田灌溉及鱼塘养鱼，有条件的可采用固液分离机将粪污水中的固形物分离出用于制造肥料。

5. **饮用水消毒** 猪场在使用饮用水源（未经过滤净化的江河、湖塘水）时，可使用有机酸制剂等，通过定量加药器或水塔对猪的饮用水进行消毒，在腹泻性疾病多发猪场尤应采用。

（五）对饲养区地面环境等进行消毒

可用3%氢氧化钠溶液喷雾或浇洒20%石灰乳对饲养区地面环境进行消毒。

附：猪舍空舍时清洗消毒的基本程序

表2-1-2 猪舍空舍时清洗消毒的基本程序

步骤	操作方法	清洗用品或消毒药及浓度	消毒要领	消毒目的	作用时间
第一步	干洗	可稍微喷洒一点低浓度的消毒药或水	清除剩料，移出器具，彻底除粪和清扫	除尘，除去大部分病原体	
第二步	预先浸湿	低压水	每隔1 h喷1次水		6 h以上

（续）

步骤	操作方法	清洗用品或消毒药及浓度	消毒要领	消毒目的	作用时间
第三步	主清洗	高压水	清洗猪舍、用具；用水量应大于 18 L/m²，最好加入少量洗衣粉等去污剂，使用高压水枪，压力不小于 80 kg/cm²。水温在 50℃ 以上	冲洗掉大部分有机物；除去部分病原体	
第四步	干燥后打泡沫	强碱性凝胶或 1%～2%火碱	喷洒	除去部分病原体	15 min
第五步	第2次清洗	高压水			
第六步	漂净	低压水	移进清洗干净的用具，整理维修机械设备		
第七步	消毒	广谱消毒剂	用高压喷雾器或高压温水洗净机，压力不得低于 50 kg/cm²。按先顶棚，后墙壁，再地面的顺序喷洒	进一步除去部分病原体	最少 10 min
第八步	干燥后甲醛熏蒸消毒	福尔马林 42 mL/m³、高锰酸钾 21 g/m³	关闭门窗、封闭粪沟后氧化法或加热法熏蒸	进一步除去部分病原体	
第九步	消毒	广谱消毒剂（季醛基）	隔 1 d 喷雾		最少 10 min

二、疫苗免疫

（一）疫苗的选购、运输、贮存和使用 （表2-2-1）

表2-2-1　疫苗选购、运输、贮存和使用

工程程序	操作要求
采购疫苗	1.从具备相关资质的厂家选购（有GMP认证），保证疫苗质量，根据需求确定疫苗的购入量 2.注意疫苗的有效期 3.注意不合格疫苗的识别（冻干苗是否失真空，油佐剂苗是否破乳分层，疫苗有无变质和长霉，疫苗中有无异物，疫苗是否过期等）
运输	灭活疫苗应在 2～8℃ 下避光运输，并要求包装完好、防止瓶体破裂，途中避免阳光直射和高温，尽快送到保存地点或预防接种的场所；弱毒疫苗应在低温条件下运输，大量运送应用冷藏车，少量运输可装在盛有冰袋或冰块（用塑料袋装好系紧，以防浸湿疫苗标签而脱落）的冷藏箱中，以免疫苗的性能降低或丧失
贮存	1.疫苗入库应做好记录 2.看疫苗使用说明书，国产冻干弱毒疫苗应在 −15℃ 以下冷冻保存（按疫苗使用说明书），切忌反复冻融；进口弱毒疫苗在 2～8℃ 保存。灭活苗或油苗，在 2～8℃ 阴暗处保存，不可冻结
使用	1.用规定的稀释液稀释疫苗，稀释倍数准确 2.疫苗稀释后要避免高温及阳光直射 3.接种剂量、部位准确（看好说明书），稀释后在规定时间内用完 4.要做到头头免疫，避免出现免疫空白 5.用过的空疫苗瓶要集中起来烧掉或深埋

（二）猪场免疫程序制定与实施

1. 猪场免疫程序的制定 规模猪场应根据本场特点和当地情况以及疫苗种类制定免疫程序，实行程序化免疫。各类猪只免疫程序可参考表2-2-2、表2-2-3、表2-2-4、表2-2-5。

表2-2-2　后备（公、母）猪免疫程序

序号	疫苗种类	免疫时间	用法与用量	备注
1	蓝耳病活疫苗	配种前3～4个月（3～4月龄）间隔2～3周免疫2次	肌内注射1头份	
2	细小病毒病灭活苗	配种前60 d（150日龄）	肌内注射1头份	
3	乙型脑炎灭活苗	配种前55 d（155日龄）	肌内注射2 mL	
4	圆环病毒+支原体、蓝耳病灭活苗	配种前50 d（160日龄）	各肌内注射2 mL	
5	细小病毒灭活苗	配种前45 d（165日龄）	肌内注射2 mL	
6	乙型脑炎灭活苗	配种前40 d（170日龄）	肌内注射2 mL	
7	伪狂犬病活疫苗	配种前34 d（176日龄）	肌内注射1头份	
8	口蹄疫灭活苗	配种前90 d、27 d(120日龄、185日龄)	根据说明	
9	圆环病毒+蓝耳病灭活苗	配种前20 d（192日龄）	各注射2 mL	
10	猪瘟活疫苗	配种前15 d（200日龄）	肌内注射2头份	

表2-2-3　生产母猪免疫程序

序号	疫苗种类	免疫时间	用法与用量	备注
1	蓝耳病活疫苗	产后7～10 d	肌内注射1头份	
2	猪瘟活疫苗	产后17 d或普免3次/年	肌内注射1～2头份	
3	细小病毒病灭活苗	产后10 d或普免2次/年	肌内注射2 mL	
4	圆环病毒灭活苗	每3个月普防1次	肌内注射2 mL	
5	蓝耳病灭活苗	产前35～40 d	肌内注射4 mL	
6	口蹄疫灭活苗	3月、9月、12月	普免	或4次
7	乙型脑炎灭活苗	3月上旬普免	肌内注射2 mL	3周后加强
8	伪狂犬病活疫苗	3月、7月、11月普免	肌内注射1头份	
9	猪丹毒-猪肺疫二联活苗	产后24 d（断奶时）	肌内注射2头份	
10	链球菌病活疫苗	母猪产前30 d	肌内注射1头份	
11	萎缩性鼻炎灭活苗	母猪产前20 d	肌内注射2 mL	

注：每年3次口服流行性腹泻-传染性胃肠炎弱毒苗或灭活苗强化免疫。

表2-2-4　种公猪免疫程序

序号	疫苗种类	免疫时间	用法与用量	备注
1	猪瘟活疫苗	普免2次/年	肌内注射1头份	
2	细小病毒病灭活苗	普免2次/年	肌内注射2mL	
3	口蹄疫灭活苗	3月、9月、12月上旬普免	根据说明	4次

（续）

序号	疫苗种类	免疫时间	用法与用量	备注
4	乙型脑炎灭活苗	3月上旬普免	肌内注射2 mL	3周后加强
5	伪狂犬病活疫苗	3月、7月、11月普免	肌内注射1头份	
6	圆环病毒灭活苗	每3个月普防1次	肌内注射1头份	
7	蓝耳病灭活苗	每3个月普防1次	肌内注射4 mL	
8	链球菌病活疫苗	普免2～3次/年	肌内注射1头份	

注：每年3次口服流行性腹泻-传染性胃肠炎弱毒苗或灭活苗强化免疫。

表2-2-5　仔猪免疫程序

序号	疫苗种类	免疫时间	用法与用量	备注
1	伪狂犬病活疫苗	1～3日龄	滴鼻，每头0.5头份（每侧鼻孔0.25头份）	
2	蓝耳病活疫苗	10～14日龄	肌内注射1头份	
3	圆环病毒、支原体灭活苗	18日龄	各肌内注射1头份	
4	猪瘟活疫苗	25日龄	肌内注射1头份	
5	链球菌活疫苗	30日龄	肌内注射1头份	
6	仔猪副伤寒活苗	35日龄	肌内注射1头份	
7	伪狂犬病活疫苗	45日龄	肌内注射1头份	
8	猪丹毒-猪肺疫二联活疫苗	52日龄	肌内注射1头份	
9	猪瘟活疫苗	60日龄	肌内注射2头份	
10	口蹄疫灭活苗	70日龄	根据说明	
11	伪狂犬病活疫苗	80日龄	肌内注射1头份	
12	口蹄疫灭活苗	90日龄	根据说明	
13	口蹄疫灭活苗	120日龄	根据说明	

2.猪场免疫程序的实施（表2-2-6）

表2-2-6　猪场免疫程序操作要求

工程程序	操作要求
注射前基础准备	1.对拟实施预防接种的猪群健康状况进行检查，凡属患病、瘦弱猪应暂缓注射，待其痊愈，体质好转及分娩后再行补种 2.对拟注猪群进行登记，按猪群所在的栋号、栏号、头数登记后汇总 3.对注射器和针头进行消毒。并准备2%～5%碘酊棉或75%酒精棉
疫苗准备	1.按照本次注射猪只数量自冰箱中取出疫苗，逐瓶检查瓶签有无及是否清楚，无瓶签或瓶签模糊不清者不得使用 2.所取疫苗与当日注射疫苗名称是否相符 3.疫苗瓶有无破损，疫苗有无长霉，异物，瓶塞松动、变色，液体苗有无结块、冻结，油苗是否破乳，冻干苗有无失真空等，如有上述任一情况，则该瓶疫苗不能使用 4.登记疫苗批号、有效期（生产日期）、生产单位、购入期及保存期，过期应废弃

（续）

工程程序	操作要求
疫苗稀释	1.冻干苗从冷冻室中取出后，在使用前必须先放置于室温下1～2 h，其温度与室温一致后方可用专用稀释剂稀释 2.由于冻干苗均以小瓶包装，各生产厂家每瓶装量不尽相同，因此在稀释前须仔细阅读使用说明书，严格按照装量和规定的稀释剂进行稀释 3.在临用时进行稀释，稀释时如发现疫苗已失去真空，应废弃不用 4.已稀释的疫苗应在4 h内用完，气温较高季节，稀释后的疫苗应置于加冰的保冷箱（杯）中保存，避免阳光直接照射
疫苗注射	1.疫苗稀释或摇匀后，将其放入已消毒的瓷盘内，同时还应将已消毒的针头、碘酊棉或酒精棉、记号笔一并放入，注射器吸入疫苗，即可开始注射 2.注射部位一般为颈侧耳后区域、肌内注射。有的疫苗采用穴位注射的方法，如猪传染性胃肠炎等疫苗可采用后海穴注射。有的疫苗需按其他规定的部位注射，如气喘病弱毒疫苗应采用胸腔注射等，具体可参照疫苗使用说明书中有关规定注射 3.对成年猪及架子猪应使用12号的针头，对哺乳及保育猪应使用9号针头。每注射1头猪后更换1个针头，以防止传播疾病。在免疫注射前和注射过程中，应注意检查针头质量，凡出现弯折、针座松动、针尖毛刺等情形的应废弃。注射时如出现针头折断，应马上停止注射，针头断端如遗留在注射部位肌肉中时，须设法用器械取出 4.发生疫苗漏出时应进行补注，保证注射剂量准确
免疫记录	免疫接种时应严格按照相关规定做好各项记录，遇到异常情况，如发生严重过敏反应或死亡、导致猪群发病等而怀疑疫苗有问题时，应保存所使用的同一批号的疫苗3～5瓶备查。同时迅速通知制剂生产者，以共同查明原因，防止类似事故再次发生
抗体检测	开展对主要传染病的抗体水平检测，既可了解接种的效果，又可开展血清流行病学的调查，为正确制定本场的免疫程序等获取第一手资料

附：规模猪场疫苗预防接种操作细则

1.1 目的
通过正确的免疫接种，使猪群产生保护性抗体，以抵抗传染病，并获得健康猪群。
1.2 职责
统一由技术处制定免疫程序，各养殖场按规程执行。
1.3 疫苗供应资质
疫苗应来源于正规的生产厂家、通过 GMP 认证、产品应质量稳定、抽查检验合格，疫苗毒株的含量符合国家标准要求。

供应商应提供有效证件，如营业执照、税务登记证、组织机构代码证、批准文号、生产许可证、经营许可证。如是进口疫苗，还应提供进口许可证。
1.4 疫苗运输
疫苗运输应使用专用保温箱，箱内放置冰块，至到达目的地，冰块不能完全溶化，保持冷链运输。冬季要注意防止灭活苗冻结。应以最快的速度将疫苗运输到达猪场，以确保有效的效价。

1.5 疫苗保存

1.5.1 疫苗到货后，仓库保管员应立即核对，清点数量、检查有无破损，标签是否清晰、性状与说明书是否相符等，并记录生产厂家、批准文号、检验号、生产日期、失效日期等以备查。

1.5.2 按说明书的要求贮存。一般灭活疫苗应在 2 ~ 8℃下冷藏保存，弱毒冻干活疫苗应在－1℃以下冷冻保存。疫苗稀释液在炎热夏季应在 2 ~ 8℃下保存，其他季节可常规保存。

1.5.3 存放疫苗的冰箱要专用，不准放食品及其他物品。不同制剂和同一制剂的不同批号应分别存放。如发现灭活疫苗有冻结、破乳，冻干苗有溶化现象应报告兽医处理。及时清理变质、过期疫苗。

1.5.4 冰箱内应放温度计，每天观察温度是否符合要求。及时除霜，低温保存的疫苗要与冰箱内壁保持 1 cm 以上的距离，以防箱壁结霜影响冷藏效果。如遇停电，在冰箱内放入提前准备好的冰袋，在冰箱内停电时尽量少开箱门。

1.6 防疫计划

1.6.1 批次防疫计划。防疫组长应了解每批后备猪的转入日龄、妊娠母猪的配种日期、哺乳母猪的分娩日期、仔猪的出生日期、转群日龄等，根据防疫程序和该批猪的平均生理日期做批次防疫计划。批次防疫计划应书面转至分管的场长、班长、饲养员。

1.6.2 防疫员每周日前做好下周防疫计划，并传达给分场场长、组长。

1.6.3 猪群防疫计划。批次防疫计划要汇总到猪群防疫计划表上，防疫员每天按猪群防疫计划把免疫工作分配给相应猪群和相应的人。当免疫程序调整时，批次防疫计划和猪群防疫计划也应随之调整。

1.6.4 防疫查询。每天下午下班前，防疫员应把当日免疫的猪群批次、栋号、疫苗名称、剂量等填写到防疫查询表上，以便于追溯。

1.7 免疫前的准备

当某猪群计划免疫时，应让猪群提前 3 d 饮维生素C等抗应激药物。准备好消毒过的保温箱、冰袋、注射器、针头盒、针头（针头选择标准见表2-2-7）、便携收集盒、抗应激药物、甲紫棒等。

表 2-2-7　针头选择标准

猪群类型	针头材质	针头型号 (cm×cm)	注射要求	消毒要求
种猪（100 kg后）	金属针头	16×（38 ~ 45）	一猪一针头	使用前高温蒸煮消毒，猪体注射部位消毒
妊娠母猪	金属针头	16×（38 ~ 45）	一猪一针头	
泌乳母猪	金属针头	16×（38 ~ 45）	一猪一针头	
公猪（18月龄前）	金属针头	16×38	一猪一针头	
公猪（18月龄后）	金属针头	16×45	一猪一针头	
哺乳仔猪	胶针头	9×15	一圈一针头	注射前对注射部位皮肤局部消毒
保育猪（10kg前）	胶针头	9×15	一猪一针头	
保育猪（10kg后）	胶针头	12×（18 ~ 25）	一猪一针头	
育肥猪（100kg前）	胶针头	(14 ~ 16) ×38	一圈一针头	

根据猪的数量、免疫剂量，按5%的损耗计算出疫苗用量，开处方后到仓库领用，领用的疫苗放入有冰块的保温箱中暂存。

1.8 稀释疫苗

进行疫苗稀释前，应检查疫苗规格与稀释液搭配情况，冻干疫苗使用专用稀释剂稀释。疫苗如厂家没有专用稀释剂，一般用生理盐水稀释，按猪只头数和注射剂量计算生理盐水用量。

稀释液或生理盐水须提前1d放在冰箱中冷藏，稀释前将疫苗同稀释液一起在室温下放置3～5min，避免稀释时两者的温差太大（图2-2-1）。

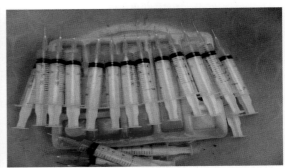

图 2-2-1　疫苗稀释、使用过程的冷藏

稀释前要检查瓶签与应注射疫苗是否相符，疫苗瓶如有破损，液体苗有结块、冻结、异物、变色，油乳苗有破乳，冻干苗有解冻，超过使用有效期等，则该瓶疫苗不能使用。

稀释时先将疫苗和稀释液瓶口用酒精棉消毒晾干。再用注射器取适量的稀释液插入疫苗瓶中，无需推压，检查瓶内是否真空，真空疫苗瓶能自动吸取稀释液，失真空的疫苗应废弃。注入稀释液，适当摇动疫苗瓶，以促进冻干苗溶解。

稀释两种以上的疫苗时，应使用不同的注射器和容器，不能混用、混装。大部分灭活苗为液态，无需稀释，使用时摇匀即可。

1.9 免疫接种

1.9.1 防疫员在注射前与饲养员沟通，对潜伏期、发病期的猪不宜注苗，应做好标识和记录，康复后再补注。

1.9.2 大猪接种疫苗可安排在采食时进行，尽量分散猪的注意力，减小应激。保育猪、育肥猪注苗时要适当保定，可用焊接的铁栏将猪挡在墙角处，等猪情绪相对稳定后再注射。哺乳仔猪和保育仔猪需要捉住保定时，要轻捉轻放，避免过分驱赶。保育猪注苗时，也可在栏外放一饲料袋，吸引猪前来撕咬，以分散其注意力。

高温季节注苗应在上午10点前或下午4点后进行；电子饲喂站应在晚上注射疫苗，以减小应激。

1.9.3 疫苗使用坚持现配现用的原则，稀释后应马上使用，并避免阳光照射，1℃以下应在4～6h内用完，1～25℃下应在2h内用完，25℃以上应在1h内用完。如考虑注射时间偏长，疫苗则应放在加冰块的保温箱内，禁止疫苗长时间暴露在室温中。

1.9.4 吸苗时要充分摇匀，可用消毒过的针头插在瓶塞上，裹以挤干的酒精棉球专供吸药用。吸入针管的疫苗不能再回注瓶内，也不能随便排放。

　　1.9.5 注射部位要正确，注射前要用挤干的酒精棉球或碘酊棉球对进针部位消毒，拔出针头时，再用药棉对针眼消毒，防止发炎或形成脓疱。

　　1.9.5.1 颈部肌内注射在耳后，肩胛前方，颈椎上方的肌肉内。仔猪耳后一指多一点，从脊梁骨往下两指垂直进入（图2-2-2、图2-2-3）。将大猪耳后四指和背部四指交叉处的三角区域作为注射部位垂直进针（图2-2-4）。注射部位：距离耳根后三指，距离背中线五指（图2-2-5）。

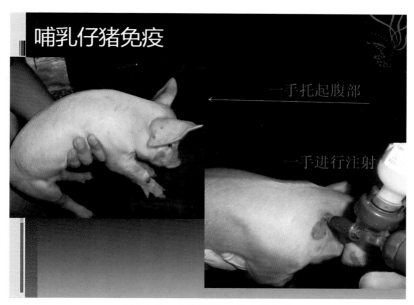

图2-2-2　哺乳仔猪免疫注射方法

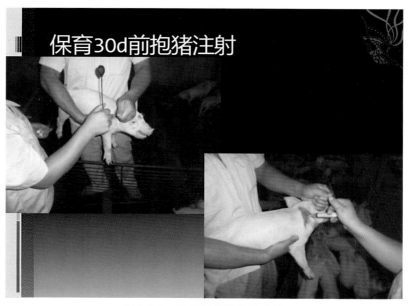

图2-2-3　保育猪免疫注射方法

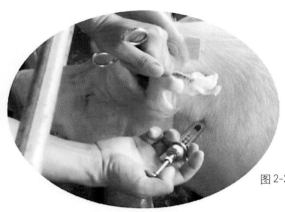

图 2-2-4　种猪肌内注射

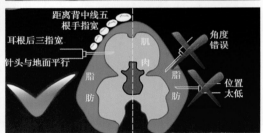

图 2-2-5　肌内注射部位

　　1.9.5.2　胸腔注射。注射部位在右侧胸壁，倒数第 6 ~ 7 肋间与坐骨结节向前作一水平线的交点。局部消毒，沿倒数第 6 肋前缘与胸壁呈90°插入细长针头。左手将注射点处皮肤向前移动 0.5 ~ 1 cm，再插入针头，回抽为真空，缓慢注入药液，拨针后用酒精棉球稍按压消毒。

　　1.9.5.3　后海穴注射在尾根与肛门间的凹陷处，注射时针头偏上呈 45°斜角。

　　1.9.5.4　皮下注射即将药物注入猪的耳根后或股内侧皮下疏松结缔组织中（图2-2-6）。股内侧注射时，注射者左手拇指与中指捏起皮肤，食指压其顶点，使之形成三角形凹

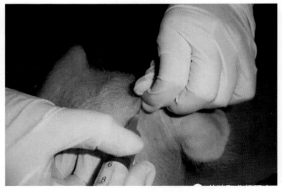

图 2-2-6　皮下注射部位

窝，右手持注射器直刺凹窝中心皮下 2 cm，此时针头可在皮下自由活动，左手放开皮肤，抽动注射器活塞不回血时可推动活塞注入药液。耳根后注射时，由于局部皮肤紧张，可不捏其皮肤而直接垂直刺入 2 cm。

1.9.6 注射时要用镊子夹取针头，采用一窝一针头（包括哺乳仔猪），禁止混用。注射动作要熟练，做到"稳、准、足"，避免飞针、针折、漏苗、洒苗，苗量不足或出血的要立即补注。注苗后的猪要做好标记，以免重注、漏注。

1.9.7 妊娠母猪免疫操作要小心谨慎，以免增加死胎或造成流产。配种后一个月和产前 15d 内的妊娠母猪不宜注射疫苗，应做好记录，以后补注。

1.9.8 免疫接种至接种后 2 h 内，要注意观察猪群，如发现应激较大或过敏反应的猪，可用肾上腺素或地塞米松解救。

肾上腺素法：（首选）颈部肌内注射0.1%盐酸肾上腺素注射液，初生仔猪 0.1 ～ 0.2 mL/ 头，断奶仔猪 0.3 ～ 0.4 mL/ 头，体重30 kg 以上的猪 0.5 ～ 1 mL/ 头。必要时可于第一次注射后 20 ～ 60 s 再做第二次注射，肾上腺素注射剂量不可过大。

地塞米松法：颈部肌内注射，初生仔猪 2 ～ 5 mg/ 头，断奶仔猪 5 ～ 10 mg/ 头，生长育肥猪 10 ～ 30 mg/ 头，必要时可于 4 ～ 8 h 后减为首次用量的 1/3 重复使用。

1.9.9 当场内新增加某种疫苗时，应在大群注射前 3 d 选择其中的一部分试验（根据猪群的大小，推荐数量：哺乳仔猪 20 ～ 30 头，保育猪 20 ～ 30 头，种猪 5 ～ 10 头），注苗后 3 d 内无不良反应（如体温、采食、精神正常）再大群注射，以确保全群的安全。

1.9.10 紧急接种。当猪群受到某种疾病严重威胁时要进行紧急接种，按先安全猪群、后受威胁猪群、最后发病猪群的顺序注射。

1.9.11 防疫顺序。当同一天中出现不同猪群进行防疫时，应先对日龄小的猪群进行防疫，防疫人员多的场应分人分区进行防疫。

1.10 免疫后

1.10.1 做好记录。在每批猪注射疫苗后，要填写免疫记录、防疫查询记录。

1.10.2 器械消毒。使用过的注射器、针头要进行高压蒸煮消毒，以备用。

1.10.3 废弃物处理。失效、作废的疫苗，用过的疫苗瓶，稀释后的剩余疫苗等，不得随意倾倒，必须妥善处理。处理方式包括用消毒剂浸泡、煮沸、烧毁、深埋等。

1.11 抗体监测

接种疫苗后，活苗经14 d，灭活苗 21 d 后获得免疫保护，可以有针对性地进行采血，检测抗体产生及保护情况。

要求每季度进行一次抗体检测，即可了解接种的效果，又可开展血清流行病学的调查，以便及时调整免疫程序，使之更科学严密。

1.12 注意事项

1.12.1 注射病毒性疫苗前后 3 d 禁止使用抗病毒药物，两种病毒性活疫苗的使用要间隔 7 ～ 10 d，减少相互干扰。病毒性活疫苗和灭活苗可同时分开使用。

注射猪丹毒等活菌苗前后 5 d 禁止使用抗生素，两种细菌性活疫苗可同时使用。抗生素对细菌性灭活苗没有影响。

1.12.2 疫苗接种前后，尽可能避免一些剧烈操作，如转群、采血等，防止猪群处于应激状态，以免影响免疫效果。如果注苗后应激较大，应加饮抗应激药物。

1.12.3 每个批次的疫苗，要留 1 ～ 2 瓶，至少保留 3 个月，以备猪群出现问题时验证疫苗效果。

1.12.4 每月普查一次猪群免疫情况，检查记录，对普免时漏下的部分猪只及时补注，做好登记工作，避免漏防。

三、驱虫

猪场驱虫程序见表2-3-1 。

表2-3-1　猪场驱虫程序

工程程序	操作要求
猪场寄生虫流行状况调查	1.体外寄生虫（疥螨）的检查　选定一个猪栏中的猪群，观察和记录猪群的蹭痒、搔痒等的次数；必要时可使用实验室检查法 2.体内寄生虫的检查　粪便检查和实验室检查
猪群健康状况调查	在驱虫工作开始前，首先应清点驱虫猪群的猪只数量，所在栋、栏，估测体重，评价其健康状况，在疫病流行期不宜进行驱虫，猪群转栏、混群、换料、注射疫苗和采食不正常时期等也不宜进行驱虫
选择合适药物	一般采用伊维菌素预混剂进行驱虫。采用芬苯达唑（丙硫苯咪唑或阿苯达唑）与伊维菌素联合进行早期驱虫
驱虫程序制定	全群驱虫　在第一次使用伊维菌素类药物驱虫时，可对全场所有猪群同时进行一次驱虫，此后驱虫按如下程序进行： 种公、母猪的驱虫　每年定期驱虫4次，时间为2月10日、5月10日、8月10日、11月10日。最好使用复方驱虫药，伊维菌素+阿苯达唑（或芬苯达唑），该药包括怀孕母猪在内的各种猪只都可以用，剂量是每吨饲料350 g；用药时间一般为5 ～ 7 d。 仔猪的驱虫　断奶仔猪转入保育舍前1周，体内外驱虫1次。育成猪转入育肥舍前1周，体内外驱虫1次。 后备公、母猪的驱虫　在引进后备公、母猪后，待其采食量恢复正常时进行驱虫，在参加配种前2周可进行第二次驱虫，到产前进行第三次驱虫
其他寄生虫病的控制	1.弓形虫病的控制　猪场内不能养猫，如有野猫应设法驱逐，定期灭鼠。在有本病的猪场定期在饲料中添加磺胺类药物予以预防，可使用磺胺嘧啶按照每吨饲料0.5 ～ 1 kg的剂量对所有猪群连续饲喂7 d。治疗本病可使用磺胺嘧啶每千克体重70 mg+甲氧苄氨嘧啶每千克体重14 mg，肌内注射，每天2次，连用3 ～ 5 d。其他磺胺类药物对本病也有较好疗效，均可使用 2.球虫的防治　预防本病主要在于做好猪舍内的清洁卫生和消毒工作，对猪粪堆积发酵，杀灭卵囊。对10日龄前后的仔猪，可使用抗球虫药物进行防治，如氨丙啉、氯苯胍、百球清（甲苯三嗪酮）口服液等
驱虫效果的检查	使用药物驱杀体内和体外寄生虫后，应每日观察猪群的粪便中有无寄生虫排出，必要时可采用沉淀法和漂浮法检查粪便中的虫卵数量有无减少；观察猪群中蹭痒、搔痒次数有无减少，必要时可取皮肤病料进行显微镜观察，了解药物驱除体外寄生虫的疗效
建立驱虫档案	做好驱虫记录，以便观察驱虫效果并确定后续驱虫程序

四、药物预防

（一）抗菌药物使用规划方案

1. 抗菌药物使用周期 根据现行的日常生产例行化学药物保健方案和散发病例治疗规范，暂时设置 4 个抗菌药物组合方案，并以每 6 个月为一个抗菌药物使用周期。每个抗菌药物使用周期对应一个抗菌药物组合方案，并按照抗菌药物使用周期既定的时间，定期更换，循环使用。抗菌药物使用周期见表2-4-1。

表2-4-1 抗菌药物使用周期

抗菌药物使用周期	对应时间	对应的抗菌药物组合方案
RA1	2016 年 11 月 1 日～ 2017 年 6 月 30 日	组合方案 1
RA2	2017 年 7 月 1 日～ 2017 年 12 月 31 日	组合方案2
RA3	2018 年 1 月 1 日～ 2018 年 6 月 30 日	组合方案 3
RA4	2018 年 7 月 1 日～ 2018 年 12 月 31 日	组合方案4
RB1	2019 年 1 月 1 日～ 2019 年 6 月 30 日	组合方案1
RB2	2019 年 7 月 1 日～ 2019 年 12 月 31 日	组合方案2
RB3	2020 年 1 月 1 日～ 2020 年 6 月 30 日	组合方案 3
RB4	2020 年 7 月 1 日～ 2020 年 12 月 31 日	组合方案4
RC1	2021 年 1 月 1 日～ 2021 年 6 月 30 日	组合方案1
……	……	……

2. 抗菌药物组合方案允许使用的抗菌药物（表2-4-2）

表2-4-2 允许使用的抗菌药物

组合方案	预混剂	无特殊情况禁用	注射液	无特殊情况禁用
1	阿莫西林		注射用青霉素钠	
	氨苄青霉素		注射用苄星青霉素	
	硫酸庆大霉素		阿莫西林注射液	
	丁胺卡那霉素		头孢拉定注射液	
	硫酸卡那霉素		头孢噻呋钠注射液	
	氟苯尼考		硫酸庆大霉素注射液	
	盐酸林可霉素		硫酸卡那霉素注射液	
	替米考星		硫酸阿米卡星注射液	
	盐酸沙拉沙星		氟苯尼考注射液	
	磺胺五甲氧嘧啶	✓	盐酸沙拉沙星注射液	
	三甲氧苄胺嘧啶	✓	磺胺嘧啶注射液	

（续）

组合方案	预混剂	无特殊情况禁用	注射液	无特殊情况禁用
2	多西环素		硫酸卡那霉素注射液	
	氟苯尼考		硫酸阿米卡星注射液	
	盐酸林可霉素		土霉素注射液	
	磺胺五甲氧嘧啶		盐酸多西环素注射液	
	三甲氧苄胺嘧啶		氟苯尼考注射液	
3	硫酸庆大霉素		注射用苄星青霉素	✓
	氟苯尼考		林可霉素注射液	
	盐酸林可霉素		替米考星注射液	
	替米考星		磺胺嘧啶注射液	
	盐酸沙拉沙星		磺胺五甲氧嘧啶钠注射液	
	磺胺五甲氧嘧啶		磺胺六甲氧嘧啶钠注射液	
4	硫酸庆大霉素	✓	注射用苄星青霉素	✓
	多西环素		硫酸卡那霉素注射液	
	氟苯尼考		硫酸阿米卡星注射液	
	替米考星		林可霉素注射液	
	盐酸沙拉沙星		替米考星注射液	
	磺胺五甲氧嘧啶		盐酸恩诺沙星注射液	
	三甲氧苄胺嘧啶		盐酸沙拉沙星注射液	

（二）抗菌药物组合及联用

1. 饲料添加抗菌药物组合及联用方案（表2-4-3）

表2-4-3 饲料添加抗菌药物组合及联用方案

抗菌药物组合方案	联合用药方案*	连用天数（d）	适应症					备注
			消化道感染	其他途径感染	衣原体	弓形体	胃胀气	
1	（1）阿莫西林 300 g+氟苯尼考 100 g	7		✓				
	（2）阿莫西林 300 g+盐酸沙拉沙星 150 g	7						
	（3）阿莫西林 300 g+盐酸林可霉素 100 g	7						
	（4）阿莫西林 300 g+替米考星 400 g	7						
	（5）阿莫西林 300 g+丁胺卡那霉素 250 g	7	✓					
	（6）阿莫西林 300 g+硫酸庆大霉素 250 g	7	✓					
	（7）硫酸庆大霉素 250 g+三甲氧苄胺嘧啶 50 g	7	✓					
	（8）多西环素 250 g+磺胺五甲氧嘧啶 500 g+三甲氧苄胺嘧啶 100 g	7			✓	✓		
	（9）阿莫西林 300 g+甲硝唑 250 g	7	✓				✓	特许

（续）

抗菌药物组合方案	联合用药方案*	连用天数(d)	消化道感染	其他途径感染	衣原体	弓形体	胃胀气	备注
			适应症					
2	（1）多西环素 250 g+氟苯尼考 100 g+三甲氧苄胺嘧啶 50 g	7	✓	✓				
	（2）多西环素 250 g+盐酸林可霉素 100 g+三甲氧苄胺嘧啶 100 g	7		✓				
	（3）多西环素 250 g+磺胺五甲氧嘧啶 500 g+三甲氧苄胺嘧啶 100 g	7		✓		✓		
	（4）多西环素 250 g+甲硝唑 250 g						✓	特许
3	（1）替米考星 250 g+磺胺五甲氧嘧啶 500 g+三甲氧苄胺嘧啶 100 g	7		✓		✓		
	（2）替米考星 250 g+多西环素 250 g+三甲氧苄胺嘧啶 50 g	7		✓				
	（3）替米考星 400 g+硫酸庆大霉素 250 g	7	✓					
	（4）替米考星 400 g+丁胺卡那霉素 250 g	7	✓					
	（5）磺胺五甲氧嘧啶 500 g+硫酸庆大霉素 250 g	7	✓					
	（6）磺胺五甲氧嘧啶 500 g+硫酸新霉素 250 g	7	✓					
	（7）硫酸庆大霉素 250 g+甲硝唑 250 g	7	✓				✓	特许
4	（1）盐酸沙拉沙星 150 g+磺胺五甲氧嘧啶 500 g+三甲氧苄胺嘧啶 100 g	7		✓		✓		
	（2）盐酸沙拉沙星 150 g+多西环素 250 g+三甲氧苄胺嘧啶 50 g	7	✓					
	（3）盐酸沙拉沙星 150 g+盐酸林可霉素 100 g	7		✓				
	（4）替米考星 250 g+氟苯尼考 100 g	7	✓	✓				
	（5）硫酸庆大霉素 250 g+甲硝唑 250 g	7	✓				✓	特许

＊ 添加量除特别说明者外，均按每吨饲料添加抗菌药物的有效净含量计，选用预混剂时，须注意参照预混剂标明的有效含量进行折算。

2. 饮水添加抗菌药物组合用方案（表2-4-4）

表2-4-4　饮水添加抗菌药物组合用方案

抗菌药物组合方案	联合用药方案*	连用天数(d)	消化道感染	其他途径感染	衣原体	弓形体	胃胀气	备注
			适应症					
1	（1）阿莫西林 150 g	7		✓				
	（2）硫酸庆大霉素 125 g	7	✓					

（续）

抗菌药物组合方案	联合用药方案*	连用天数（d）	适应症					备注
			消化道感染	其他途径感染	衣原体	弓形体	胃胀气	
2	多西环素 125 g	7	√	√				
3	（1）替米考星 200 g	7		√				
	（2）硫酸庆大霉素 125 g	7	√					
4	盐酸沙拉沙星 75 g	7	√	√				

* 添加量除特别说明者外，均按每吨饮水添加抗菌药物的有效净含量计，选用预混剂时，须注意参照预混剂标明的有效含量进行折算。

五、生物安全

（一）后备猪引进时注意事项

1.运输之前的准备工作

（1）应使用高效的消毒剂对车辆和用具进行2次以上的严格消毒，最好能空置1 d后装猪，在装猪前再用刺激性较小的消毒剂（如双链季胺盐络合碘），彻底消毒1次，并开具消毒证。

（2）装车时，应根据猪的品种、性别、体重将猪分别装入相应笼内，一般体重大小相近、同种类别的猪装入同一笼内，应注意密度不能太大。

（3）在装猪前2～3 h，对准备运输的种猪停止投喂饲料，赶猪上车时不能赶得太急，车厢最好能铺上垫料，冬天可铺上稻草、稻壳、木屑，夏天铺上细沙，注意保护种猪的肢蹄，装猪结束后应固定好车门。

2.运输途中的注意事项

（1）长途运输的运猪车应尽量走高速公路，避免堵车，每辆车应配备2名驾驶员交替开车，行驶过程应尽量避免急刹车。

（2）应注意选择没有停放其他运载相关动物车辆的地点就餐，运猪车绝不能与其他装运猪只的车辆一起停放。

（3）应随车准备一些必要的工具和药品，如绳子、铁丝、钳子、抗生素、镇痛退热药以及镇静剂等。

（4）冬季保暖，夏天防暑，尽量避免在酷暑期装运种猪，夏天应避免在炎热的中午装运种猪，可在早晨和傍晚装运，途中应注意经常供给饮水。

（5）长途运输可先配制一些电解质溶液，应随车备有注射器及镇静剂、抗生素类药物，停车时注意观察猪群状况，遇有异常猪只需及时处理。

3.运输到场的管理工作

（1）进猪前空栏冲洗消毒，空栏、消毒的时间至少要达到7 d。种猪到场后，立即对卸猪台、车辆、猪体及卸车周围地面进行消毒，然后将种猪卸下，按体重大小、性别进行分群饲养，饲养密度适当。公猪要尽可能做到单栏饲养。有损伤、脱肛等情况的种猪应立即隔开单栏饲养，并及时治疗处理。

（2）先给种猪提供饮水，休息 6～12 h 后方可供给少量饲料，第 2 天开始可逐渐增加饲喂量，5d 后才能恢复正常饲喂量。

（3）种猪到场后的前 2 周，由于运输疲劳和环境的变化，其机体对疫病的抵抗力会降低，饲养管理上应注意尽量减少应激，可以在饲料中添加适当的抗生素和多维，减少猪只应激。

（4）种猪到场后必须在隔离舍隔离饲养 45 d，每天观察猪群生长动态，做好种猪的适应及驯化工作。

（5）保健方案。进场后第 1 周，多维+黄芪多糖+替米考星；进场后第 2 周驱虫：伊维菌素+芬苯达唑；之后按照场内制定的后备母猪免疫程序及时进行免疫注射。

（二）猪场人员、猪只及车辆的出入制度

1. 人员出入

（1）本场工作人员未经许可不得随意出入养殖场。确需外出的，应办理外出请假单，填明事由和去向，经场长签字后方可出场。请假单应交门卫保存备案。进场时要隔离消毒。

（2）场内员工出入生产区，应遵循以下规定。

①非上班时间，没有事情不能随便进出生产区。

②因工作需要，必须进入生产区的，需按照上班时的消毒步骤，即全身淋浴、更换工作服后，方进入生产区。

③在生产区值夜班的工作人员在值班期间只能在生产区内，不能随便出入生活区。

（3）员工在生产区应遵循以下规定。

①生产区内禁止串舍。

②出入每幢猪舍时必须脚踏消毒盆消毒，才能进入猪舍。

（4）外来参观人员进入养殖场时应遵循以下规定。

①应在门卫处进行登记，并进行喷雾消毒。

②未经允许，禁止进入生产区。

③若因需要进入生产区者，应经领导批准，按照场内员工上班时的消毒步骤，即全身淋浴、更换工作服后，方可进入生产区。

④进出猪舍时必须脚踏消毒盆。

（5）购猪人员进出养殖场时应遵循以下规定。

① 一般不许人员进入养殖场内，应在场外的出猪台等待。

②需要进入养殖场的，应经场长批准同意方可进入，在进入养殖场时需要进行喷雾消毒。

③严禁购猪人员进入生产区。

（6）严禁闲杂人员进出养殖场。

2. 猪的出入

（1）从外地购买回来的猪或者新建场引进的种猪，在进入大门前必须在生产科备案，

备案内容为日期、头数、来源、品种、性别等。

(2) 生产区内猪只严禁出生产区，如因意外出生产区，严禁其再次进入生产区。

(3) 猪舍之间猪群调拨按照妊娠舍—保育舍—育肥舍的顺序进行。

(4) 场内病死猪必须按照《无害化处理管理规定》进行深埋或焚烧，严禁病死猪出场销售或者派送。

3.车辆的出入

(1) 车辆进入场区均应在门卫处登记，并做好车身和轮胎消毒工作。

(2) 车辆外出应办理车辆外出手续，经场长同意签字方可出场。

①车辆返回时应做好消毒，并登录返回时间。

②生产区使用专用车，只允许其在生产区内行驶，禁止开出生产区。

③本场其他车辆禁止进入生产区。

(3) 外来车辆一般不允许进入场区，如遇特殊情况应报场长批准，车身和轮胎消毒后，方可进入，但严禁进入生产区。门卫应登记内容为：访问时间、车辆牌号，出门时间等。

(4) 运输饲料、物资等的车辆应按照指定路线开到指定的卸货处。

(5) 购猪车辆应按照指定路线行驶至出猪台外停放和装货。购猪车辆不得将从其他地方购来的猪与本场所购猪混装。

4.其他

(1) 禁止野生动物、畜禽进入场区，禁止饲养宠物和畜禽。

(2) 猪场的围墙或栅栏应能够有效阻挡其他动物进入场内。

(3) 饲料库、圈舍和赶猪道门窗应设防鸟网，且网的缝隙能够阻挡鸟类、蛇类和大的蚊虫进入网内区域。

(4) 场内应该常年实施灭鼠和捕杀蚊虫措施。

（三）环境控制要求

1.各类猪舍温度控制的要求

(1) 保证妊娠母猪、后备母猪舍内温度不低于10℃，以18～22℃为宜。

(2) 保证肥猪舍温度在17～20℃。

(3) 保证保育猪舍温度在22～27℃。

(4) 保证产房温度在产仔时不超过25℃，产后迅速降到20～22℃；初生仔猪保温箱温度32～35℃，以后每周降低2℃。

(5) 各类猪舍提高温度的措施可以通过使用煤炉、暖气供热、暖风机、热风炉、电热板等提高温度。同时须达到如下要求：防风、铺垫草、垫木屑、适当增加饲养密度。

2.猪舍湿度的要求

(1) 保证猪舍的湿度为65%～75%。可以通过修建火墙等措施提高舍内的温度，以减小湿度。猪舍地面要高出舍外地表，使用三合土可使地面干燥不返潮。

(2) 冬天，在上午11点至下午3点，天气较好时，做好适当的通风换气，风速不超过0.2 m/s，通风时间保证在0.5～1 h。也可在猪舍门口设排气扇，以便随时、快速排出舍内污浊的空气。保证猪舍空气新鲜不刺鼻眼，以免刺激猪只呼吸道、诱发呼吸道炎症，降低猪只抵抗力。

（3）做好猪舍内的卫生管理，及时清除粪便、污水。

3.猪舍有害气体　猪舍的有害气体包括氨气、硫化氢等，不但气味难闻，更有很强的刺激性，对猪眼睛、呼吸道黏膜都有很强的腐蚀性。由于冬季气温低，通风措施易被养殖场给忽略，但养殖场必须做好适当的通风换气，保证空气新鲜不刺鼻眼，以免刺激猪只呼吸道诱发呼吸道炎症，降低猪只抵抗力。通风换气应安排在猪采食活动最旺盛的时候，平时定时开关抽风机换气。

4.饲养密度　同批断奶的仔猪年龄差异不要超过1周，最好是一窝一栏，以减少不同免疫状态的仔猪之间的相互传染。仔猪在被饲养到20～25 kg转群时，地板式饲养密度为0.5 m²/头，条状式、地面饲养密度为0.33 m²/头。肥育舍每群不宜过大，宜15～20头/栏，根据气候、圈舍条件，饲养密度宜为中猪0.8 m²/头，大猪0.8～1.2 m²/头。

5.保证猪舍干燥的要求　保持室内干燥。防止漏雪，勤垫干草，训练猪定点排尿，定期清理粪污，可以在猪舍内洒一些吸附剂如木炭、干草进行吸附。

6.猪群饮用水的要求　猪舍内应设有单独饮水箱，方便猪只饮水。保育猪舍一般要配备自动饮水加药器等装置，以满足加药保健之需求。

（四）猪场的血清检测建议

（1）每个样品的采血量尽量达到3～5 mL。

（2）采血完之后，有条件的猪场可以把血清离心出来，但要保证血清的量达到1.5 mL以上。如果不能分离血清，要将采样器固定好，尽量倾斜45°放置（有利于血清的析出），千万不要平放。血样的周围要尽量多放置几包冰袋，使血清处于一种低温环境中。然后把样品置于一种合适的泡沫箱中，尽量紧凑一点，送有关实验室检查。

（3）采样数量根据猪场规模而定，800头母猪场一般建议见表2-5-1。

表2-5-1　血清检测采样数量

采样数量——仔猪篇		
组别	样品编号	采样数量（份）
4周龄	4W	8
7周龄	7W	8
10周龄	10W	8
13周龄	13W	8
16周龄	16W	8
20周龄	20W	8
24周龄	24W	8
其他组		

（续）

采样数量——种猪篇		
组别	样品编号	采样数量（份）
公猪	B	12
后备猪	G	8
1～2胎	P1～2	8
3～4胎	P3～4	8
5～6胎	P5～6	8
>6胎	P>6	8
其他组		

各组建议采样数量					
存栏母猪(头)	300以下	300～700	800～1 000	1 000～2 000	2 000以上
每组采样数量(份)	5	6～7	7～8	9～10	11～15

六、药物防治

（一）药物防治原则

（1）不要滥用药物。

（2）效果不确实的药物不要使用。

（3）药物的使用应从治疗用药转向预防用药。

（4）坚持猪病五不治：无法治愈的不治；治疗费高的病猪不治；费工费时的不治；治愈后经济价值不高的不治；传染性强、危害大的不治。

（二）常见细菌病的药物治疗

1.副猪嗜血杆菌病 头孢噻肟钠每千克体重40 mg+庆大霉素每千克体重20 mg，肌内注射，1 d 1次；阿莫西林每千克体重20 mg+庆大霉素每千克体重20 mg，肌内注射，1 d 1次。危重病例首次静脉注射。若有舒他西林代替阿莫西林也可，其剂量应根据舒他西林内所含的氨苄西林钠来计算，为每千克体重40 mg，特别适于有关节炎型的病例。

2.巴氏杆菌病 传统用药青霉素每千克体重10万U+链霉素每千克体重20 mg，肌内注射，1 d 1次；头孢噻肟钠40 mg+丁胺卡那每千克体重10 mg，肌内注射，1 d 1次，用于对第一种组合无效或者本场该菌对链霉素耐药的情况；对耐药者亦可选择氟苯尼考每千克体重30 mg，肌内注射，1 d 1次，能静脉给药疗效最好。

对于喉水肿型巴氏杆菌病，首先应在第二与第三气管环之间行气管切开插管术，再行药物治疗。有经验表明，此型的病猪因高度的呼吸困难而丧失痛觉，为了赢得抢救时间可在不麻醉条件下实施气管切开术。

3. 猪支原体肺炎　泰妙菌素每千克体重15 mg，肌内注射，1 d 1次；林可霉素每千克体重10 mg，1 d 1次，肌内注射；氟苯尼考每千克体重30 mg，肌内注射，1 d 1次。对于重症呼吸困难者可肌内注射二羟丙茶碱（2 mL：2.5 g/支）每10 kg体重1 mL，1 d 1次。

4. 猪其他支原体疾病　是指由鼻支原体所致的10周龄前仔猪的多发性浆膜炎、关节炎、中耳炎以及由滑液支原体所致的10周龄后中大猪的大关节炎。

延胡索酸泰妙菌素注射液每千克体重15 mg+地塞米松4 ～ 10 mg/次，首次最好静脉注射，以后肌内注射，1 d 1次。亦可用氢化可的松代替地塞米松，1.0 ～ 2.0 mL/次。

5. 猪链球菌病

（1）预防。如果断奶仔猪精神状态比较差，咳嗽、关节肿大、被毛粗乱、神经症状比较多，可以考虑对哺乳仔猪用苄星青霉素保健。仔猪按生产批次，每批于10日龄左右全群逐头肌内注射苄星青霉素1次，每头仔猪60万U（半瓶），断奶前3 d左右再全群逐头肌内注射1次，每头小猪120 U（1瓶）。

（2）治疗。每千克体重氨苄西林30 mg+每千克体重庆大霉素20 mg，1 d 2次，首次最好静脉注射；每千克体重头孢噻呋5 mg+每千克体重庆大霉素20 mg，1 d 1次，首次最好静脉注射。

脑炎型的治疗在于早期发现双耳直立向后、眼睛直视、眼充血发红、犬坐的病猪，除静脉注射上述药物外，应加注地塞米松4 ～ 10 mg/次。

6. 猪胸膜肺炎放线杆菌病　头孢噻呋钠每千克体重40 mg+林可霉素每千克体重10 mg，肌内注射，1 d 1次；其次选择氟苯尼考每千克体重30 mg + 林可霉素每千克体重l0 g，同时配合全群用替米考星每千克体重200 mg+甜蜜素每千克体重400 mg饮水。本病因肺部实变常继发厌氧菌感染，所以要配合林可霉素使用，从而提高治愈率。

7. 猪增生性肠炎　泰乐菌素每千克体重100 mg（或爱乐新每千克体重50 mg）＋硫酸黏杆菌素E每千克体重120 mg饲服14 d。有便血的病例应肌内注射安络血4 ～ 10 mL或止血敏4 ～ 10 mL。种猪的个体治疗可选择支原净每千克体重15 mg+硫酸黏杆菌素B每千克体重1 mg，肌内注射，1 d 1次。

8. 母猪泌尿系统感染　环丙沙星每千克体重10 mg，肌内注射，1 d 1次，连续7 ～ 10 d；氨苄青霉素每千克体重20 mg，肌内注射，1 d 1次，连续10 ～ 20 d；注射用阿莫西林克拉维酸钾每千克体重7 mg（以阿莫西林计），1 d 2次，肌内注射，连续7 d。

9. 猪萎缩性鼻炎

（1）3 ～ 4周龄仔猪，青霉素每千克体重20万U ＋链霉素每千克体重5万U，肌内注射，1 d 1次；复方磺胺间甲氧嘧啶每千克体重25 mg（以磺胺间甲氧嘧啶计），肌内注射，1 d 1次，另配合3 d 1次长效土霉素每千克体重80 mg，肌内注射。

（2）对于流鼻血的临床病例可用头孢噻呋钠每千克体重40 mg，静脉注射，1 d 1次，配合注射止血敏10 mL ＋安络血10 mL。

10. 布鲁氏菌病　用金霉素每千克体重20 mg ＋链霉素每千克体重5万U，肌内注射，1 d 1次，连续2周。

11. 渗出性皮炎　复方磺胺间甲氧嘧啶每千克体重25 mg+林可霉素每千克体重10 mg，肌内注射，1 d 1次，配合洗手消毒浓度的复合碘或复合醛清洗患病皮肤。

12. 猪球虫病 5%百球清混悬液每千克体重0.5 mL，内服，1 d 1次，连服7 ～ 14 d。

13. 猪弓形虫病 复方磺胺间甲氧嘧啶每千克体重25 mg，静脉注射或肌内注射，配合乙胺嘧啶每千克体重50 mg，内服，5 ～ 7 d。

14. 猪衣原体病 多西环素每千克体重20 mg，肌内注射，3 d 1次；群体饲服，用多西环素每千克体重300 ～ 400 mg，持续3周，同时应每头猪每天添加复合维生素B 2 ～ 8片。

七、疫病净化

（一）猪瘟的净化

1. 对猪场所有种猪（包括母猪、公猪、后备母猪）**进行逐头采血**

（1）使用的器材。一次性无菌注射器（5 mL）、消毒用干棉球、试管架、便携式冷藏包等。

（2）采血方法。耳静脉采血。站立保定，将猪耳静脉局部消毒，助手在耳根处捏压静脉的近心端，手指轻弹后，用酒精棉球反复涂擦耳静脉使血管怒张，采血者左手平拉猪耳并使针刺部位稍高，右手持注射器，以30°～ 40°角沿血管刺入，随即轻抽针芯，如见回血即为已刺入血管，再顺血管向内送入1 cm，然后去除捏压血管的手指，左手将注射器与耳一起固定，右手缓缓地将血液抽出2 ～ 3 mL。采血完毕，以干棉球按压针部并拔出针头。将注射器向针头方向直立并轻轻抽动几下，留下1 ～ 1.5 mL的空隙，套上注射器的针头套后，放入试管架，置于便携式冷藏包中。最后用干棉球或棉签按压采血部位止血。

（3）血清的分离。血液在室温（22 ～ 30℃）下，经2 h左右就有淡黄色的血清析出并浮于凝固的血液上面，将析出的血清慢慢注入塑料离心管中；或在室温（22 ～ 30℃）下放置1h，再置于离心机中（3 000 r，10 min）离心，即可析出符合检测要求、高质量的动物血清。最后将分离好的血清置于 -20℃的冰箱中保存备用、尽快送检（在4℃冰箱的存放时间最好不要超过2 d）。

2. 血清猪瘟抗体的检测

（1）检测方法：酶联免疫吸附试验(ELISA)。

（2）检测试剂盒：猪瘟抗体检测试剂盒。

3. 净化 对于猪瘟抗体不合格的猪，有三种可能：①该猪个体猪瘟免疫不成功；②该猪个体有免疫反应不良或免疫抑制；③该猪个体有猪瘟带毒。对检测结果为阳性的种猪初步列入正常生产群，对猪瘟抗体不合格母猪可立即用高保真疫苗进行规范免疫注射，注射后28 ～ 30 d采血重新检测猪瘟抗体水平。

猪场首次检测一定要对所有公猪、母猪、后备母猪逐头采血检测，坚决淘汰加强免疫后抗体不合格的种猪，让种猪群猪瘟抗体合格率逐步达到100%，今后每增加一头后备母猪都要进行猪瘟抗体检测，抗体不达标的母猪坚决不留种。普查后定期监测种猪群抗体，保证猪瘟抗体合格率达到90%以上。

（二）猪伪狂犬病的净化

规模化猪场通过伪狂犬病野毒抗体检测进行伪狂犬病净化，其步骤具体如下。

1. **检测猪群**　可用进行猪瘟抗体检测的血清进行伪狂犬病野毒抗体的检测。

（1）种猪场每年监测2次。种公猪（包括后备种公猪）应全部检测，种母猪（包括后备种母猪）按10%～20%的比例抽检，商品猪不定期进行抽检。

（2）留作种用的仔猪在100日龄时检测。

（3）对有流产、产死胎、木乃伊胎等症状的种母猪全部进行检测。

2. **血清伪狂犬病gE抗体的检测**

（1）检测方法。酶联免疫吸附试验（ELISA）。

（2）检测试剂盒。伪狂犬病gE抗体检测试剂盒。

3. **净化**　如果野毒抗体阳性，表明以前曾感染伪狂犬病野毒株或应用过带伪狂犬病gE毒的弱毒疫苗或灭活疫苗。对于免疫gE基因缺失苗的猪场，接种疫苗后不会产生gE抗体，但伪狂犬病野毒感染后可以诱导猪产生gE抗体。通过检测，掌握猪群野毒感染状况，对于野毒感染阳性猪隐性带毒者要坚决淘汰；种用仔猪，阴性留种，阳性一律淘汰；阳性公猪绝对禁止用以采精或配种，发现一头淘汰一头，决不姑息；母猪一时无法淘汰的，也要严格限制其活动，防止猪与猪接触和人为传播。然后逐步进行淘汰，最终将所有阳性猪与带毒者统统清除出场，建立无伪狂犬病的种猪群，以至最终根除净化。

4. **注意事项**

（1）进行伪狂犬病的净化针对的是免疫gE基因缺失苗的猪场。

（2）对伪狂犬病野毒阴性猪场，采集总样本数5%～10%的血清进行伪狂犬病gE抗体的检测，以确定猪群伪狂犬病抗体的中和保护力。

八、猪前腔静脉采血

该法适用于体重在30 kg以内且采血量在3 mL以上的仔猪采血。可采用直立式（站立保定）或仰卧式两种方法对仔猪进行保定，实际操作中仔猪的保定通常以仰卧式保定为主。

1. **站立保定采血操作步骤**

（1）将保定绳套在猪嘴上，拉紧另一端，使猪的头颈与水平面呈30°以上角度，偏向一侧。

（2）选择颈部最低凹处，用碘伏做点状螺旋式消毒，使针头偏向气管约15°方向下针，回抽见有回血时，即把针芯向外拉使血液流入采血器，采集血液5 mL。

2. **仰卧保定采血操作步骤**　该保定操作需要两名保定人员同时进行，其中一人先单手抓住仔猪的一只后腿，后拉或倒提起后置于地面，在猪头触碰地面时，用另一只手按住猪头的下颌部，缓慢放下猪，使猪头向右仰卧；另一保定人员在另一侧抓住猪的另外两条腿，使猪的两条后腿向后拉伸，把猪头部向地面按下，使猪体保持平直；将前肢向两侧倾斜拉伸，使其锁骨连接关节前端气管外侧与胸骨柄1 cm处的凹陷窝充分暴露。采用70%酒精棉球消毒凹窝底部后，用一次性灭菌的5～10 mL的塑料注射器（9号针头）对准采血部位垂直刺入，进针要稍微深一点，同时缓慢地边拉紧针筒活塞边抽血，看到针管内有血液流入时保持平稳缓抽，直至采血量充足后拔出，并迅速使用干棉球进行压迫止血。

也可采用真空负压采血管采血。先用软管采血针（8～12号针头）找准采血位置后垂直刺入皮肤，待看到采血针胶管内有血液吸入时稳住针，把另一头的针插入负压管进行收集，待血量采集充足后拔除，并采用灭菌干棉球压迫止血。

九、仔猪腹腔补液

仔猪腹泻引起的严重脱水导致的器官和循环系统衰竭是病猪死亡的根本原因。及时补液可以有效缓解脱水症状，减少仔猪伤亡。补液的途径通常有静脉补液、腹腔补液、口服补液、皮下补液、灌肠补液五种，其中腹腔补液由于腹腔能容纳大量的药液，并有很强的吸收能力，对心脏功能也无影响，可迅速大量补液，使濒临死亡的脱水猪转危为安，效果显著。

1. 工具准备　针筒、9（12）号针头或透皮针、碘酊、酒精、药棉。

2. 药品选择　可选用的药品有：生理盐水（补液、补盐）；葡萄糖溶液（营养解毒，补充能量）；碳酸氢钠（纠正酸中毒）；维生素K_3（有肠黏膜脱落出血症状可加入）；庆大霉素（治疗肠道感染）；阿托品（减缓胃肠蠕动，减轻腹泻）；B族维生素、维生素C（保护机体代谢，辅助治疗）；肌苷、ATP、辅酶A（体温过低时可用）；地塞米松、强心剂（严重衰竭时使用）。

推荐四个药方，可根据情况选择使用：

① 生理盐水＋葡萄糖注射液＋止血敏＋肌苷＋阿托品。

② 生理盐水＋葡萄糖注射液＋维生素C＋维生素B_6＋肌苷＋阿托品。

③ 生理盐水＋葡萄糖注射液＋碳酸氢钠＋庆大霉素。

④ 生理盐水＋葡萄糖注射液＋碳酸氢钠＋庆大霉素＋阿托品＋地塞米松。

3. 保定方法　倒提保定法，用两手握住猪的两后肢将猪提起来，并使其腹部向前，同时可用两腿夹住猪的头和颈部阻止其扭动。也可应用绳系于跟结节上部将猪挂起来。

4. 入针位置　倒提保定后，由于重力原因，猪的脏器与肠道下坠，下腹部形成空腔。在耻骨倒数第二对乳头外侧2～3 cm处进行注射。深度不超2 cm，腹中线一侧不可做注射。

5. 补液方法　对注射部位消毒，注射前先将皮肤捏起一些或者向一侧移开一点，再与垂直腹腔刺入针头2 cm左右。这样皮肤上的针孔与腹肌腹膜上的针孔就不在一直线上，可最大程度地减少腹腔感染的可能。针头刺入腹腔后，回抽，注意有无气泡、血液回流、肠内容物，若没有方可注入药液，速度适中，不宜过快，注后拔出针头，用酒精棉球消毒。

6. 注射剂量　最大剂量不超50 mL，如仔猪体重10 kg最多注射20 mL。

7. 注意事项

（1）宜用等渗液体，如5%的葡萄糖溶液、0.9%的生理盐水；禁用不等渗液体，如50%葡萄糖。

（2）减少应激刺激，药液须加温至37～38℃。

（3）选用无刺激性药液，忌葡萄糖酸钙、磺胺类药、阿奇霉素等。

（4）注意药物配伍禁忌。

（5）严格消毒，避免感染。

（6）保定确实，固定针头，避免因猪只挣扎导致针头刺破肠道、肝肾、膀胱。

（7）脱水症状缓解后，仍需针对病因进行治疗，加强养护。

十、母猪产道炎症处理

当下列情况出现时，需对母猪产道炎症进行处理：①经过人工助产的母猪；②虽未做过人工助产，但产后 3 d 以上产道内仍有炎性分泌物流出的母猪；③其他生产阶段观察到有产道炎症的母猪。

母猪产道炎症处理统一由配种员负责，按如下步骤操作：

第1步：肌内注射前列腺素 2 mL，仍在哺乳期的母猪跳过这一步。

第2步：24 h 后，用深部输精管和输精瓶向母猪子宫内灌入 0.3%高锰酸钾溶液 1 000 mL，紧接着再灌入双氧水 500 mL。

第3步：待双氧水与高锰酸钾反应产生的气泡接近排空后，再向子宫内灌入生理盐水 1 000 mL。

第4步：生理盐水接近排空后，再向子宫内灌注消炎药物。方案为：①宫炎清 100 mL；②生理盐水 100 mL+阿莫西林 3g；③生理盐水 100 mL。

经过以上 4 步处理过 1 次后，隔 2 d 按相同步骤再处理 1 次，再隔 2 d 再处理 1 次，以处理 3 次为 1 个疗程。

注意事项：①做过产道炎症处理的母猪，初次发情时不能配种，需待再次发情时方可配种；②经过 1 个疗程治疗的母猪，如仍有产道炎症，再做 1 个疗程治疗。连续 3 个疗程仍无法治愈，作淘汰处理。

参考文献
CANKAOWENXIAN

杜向党，李新生，2010.猪病类症鉴别诊断彩色图谱[M].北京：中国农业大学出版社.

侯佐赢，2014.猪病防治[M].北京：中国农业出版社.

姜平，郭爱珍，邵国青，等，2009.猪病[M].北京：中国农业出版社.

芦惟本，2009.跟芦老师学看猪病[M].北京：中国农业出版社.

宣长和，王亚军，邵世义，等，2005.猪病诊断彩色图谱与防治[M].北京：中国农业科学技术出版社.

图书在版编目（CIP）数据

猪病诊治彩色图谱/王胜利等主编． —北京：中
国农业出版社，2018.2
ISBN 978-7-109-23927-2

Ⅰ．①猪…　Ⅱ．①王…　Ⅲ．①猪病-诊疗-图谱
Ⅳ．①S858．28-64

中国版本图书馆CIP数据核字（2018）第033179号

中国农业出版社出版
（北京市朝阳区麦子店街18号楼）
（邮政编码 100125）
责任编辑　刁乾超
文字编辑　张庆琼

中国农业出版社印刷厂印刷　新华书店北京发行所发行
2018年1月第1版　2018年1月北京第1次印刷

开本：787mm×1092mm　1/16　印张：7.25
字数：175千字
定价：86.00元
（凡本版图书出现印刷、装订错误，请向出版社发行部调换）